水电站动态
不确定优化调度模型
及决策系统研究与应用

张仁贡　著

杨　炯　主审

ZHEJIANG UNIVERSITY PRESS
浙江大学出版社

图书在版编目(CIP)数据

水电站动态不确定优化调度模型及决策系统研究与应用 / 张仁贡著. —杭州：浙江大学出版社，2015.11
ISBN 978-7-308-14613-5

Ⅰ.①水… Ⅱ.①张… Ⅲ.①水力发电站—调度模型—决策系统—研究 Ⅳ.①TV737

中国版本图书馆 CIP 数据核字（2015）第 078188 号

水电站动态不确定优化调度模型及决策系统研究与应用

张仁贡　著

杨　炯　主审

责任编辑	王元新	
封面设计	林智广告	
出版发行	浙江大学出版社	
	（杭州市天目山路 148 号　邮政编码 310007）	
	（网址：http://www.zjupress.com)	
排　　版	杭州林智广告有限公司	
印　　刷	杭州日报报业集团盛元印务有限公司	
开　　本	710mm×1000mm　1/16	
印　　张	11.75	
字　　数	148 千	
版 印 次	2015 年 11 月第 1 版　2015 年 11 月第 1 次印刷	
书　　号	ISBN 978-7-308-14613-5	
定　　价	38.00 元	

浙江大学出版社发行部联系方式：(0571) 88925591;http://zjdxcbs.tmall.com

序

　　长期以来,水电站厂内优化调度是国内外研究的重点和难点,它涉及水轮发电机组动力特性的获取、优化调度模型的建立、优化算法的求解以及软件系统的编制等诸多难点内容。

　　水轮发电机组动力特性是实现水电站厂内优化调度的基础,一般而言,水轮发电机组动力特性要通过水轮机真机试验获取,但国内大多数水电站并没有条件做水轮机真机试验,这大大限制了水电站厂内优化调度成果的推广与应用。本书作者通过对水轮机模型综合特性曲线、引水管道水头损失曲线和发电机效率曲线等原始资料的分析和研究,获取了典型机组段水头下的模糊动力特性方程,然后挖掘水电站计算机监控系统历史数据库的实际运行数据,采用"质心法"、"指数衰减法"、"可拓神经网络训练法"等对典型机组段水头下的模糊动力特性方程从"点"、"线"、"面"三个层次进行修正,以获取较为准确的水轮发电机组动力特性方程。动力特性方程获取方法的创新和突破,拓宽了水电站厂内优化调度的应用范围。

　　目前,国内外对水电站厂内优化调度的研究仅停留在确定性优化调度模型研究与求解,即在系列确定的约束条件下,建立确定约束组数学表达式和优化目标函数,然后采用确定性模型的求解方法如常规的动态规划法、遗传算法、粒子群算法等求解,确定性优化调度模型太趋向于理想化,在水电站的实际运行中价值很低。

其实水电站在电力生产过程中，存在诸多不确定因素，本书作者从实际运行的诸多动态不确定因素中提取了模糊动力特性变化、负荷计划瞬变和不确定检修计划三大重要的不确定因素，结合电力平衡、负荷区间限制、气蚀、振动等区域约束，建立了动态不确定优化调度模型。动态不确定优化调度模型的建立和验证，突破了传统确定性模型的应用局限，使得优化调度模型进一步贴合了水电站电力生产的实际。

动态不确定模型建立之后，常规的动态规划法、遗传算法、粒子群算法等无法求解该模型，本书作者通过系列研究，改进了动态规划法和遗传算法，形成了时空动态规划法和螺旋法向遗传算法，适应了动态不确定优化调度模型的求解，同时将动态不确定优化调度模型拓展到抽水蓄能电站的实际应用研究，求解方法的创新和突破，掘深了水电站厂内优化调度的研究程度。

本书作者不但对动力特性方程获取方法、动态不确定优化调度模型以及求解方法进行了长期深入的研究，而且将研究成果转化为实用的产品，开发了水电站动态不确定优化调度决策系统，该系统能在高水头混流式水电站、中低水头轴流式水电站、超低水头河床贯流式水电站、抽水蓄能电站等大中型水电站应用，提高了水电站优化调度效益2%～5%，对长期运行大中型水电站，将是非常可观的效益。且当动力特性获取方法创新后，该系统可以应用到国内诸多小型水电站，这对提高水电站发电效益、节约宝贵水能资源、推动节能减排等方面具有重要意义。

2015年5月19日

前　　言

目前我国有 55000 多座水电站没有开展真机动力特性试验，无法建立动力特性方程，导致水电站厂内优化调度与决策只能凭借经验，浪费了大量的水能资源。本书对水电站机组动力特性、动态不确定优化调度模型及其求解方法等进行了深入研究，并将研究成果集成开发为企业版应用软件，能在国内诸多类型水电站中应用与推广，这对提高水电站的发电效益、节约有限水能资源、推动节能减排和可清洁再生能源的发展、推动新农村建设和服务"三农"等都具有重要意义。本书的主要工作如下：

1. 水电站水轮机组动力特性分析与研究。从模型特性资料和水电站计算机监控历史数据库出发，通过"质心法"、"指数衰减法"、"可拓神经网络训练法"、最小二乘法、插值法等方法获取和修正动力特性方程，打破只能从真机试验获取动力特性的模式，并将新方法应用到国内多家水电站，从实践中不断改进和完善，同时结合计算机技术，建立了动力特性数据存储策略。

2. 水电站动态不确定优化调度模型研究。对传统的确定性模型进行改进，将模糊动力特性实时修正、日负荷计划瞬变、检修计划瞬变等不确定因素引入到模型建立过程中，建立了动态不确定优化调度模型。

3. 水电站动态不确定优化调度算法研究。改进了传统的动态规划法和遗传算法，建立了适应动态不确定优化调度模型求解的时空动态规划递推求解方法和 SVGA 算法，并对两种求解方法进行了实例分析和比较研究。

4. 抽水蓄能电站动态不确定优化调度研究。针对大电力系统的诸多约束和抽水蓄能电站的特殊性，改进了动态不确定优化调度模型，对 SVGA 算法进行扰动改进，实证动态不确定优化调度在特殊水电站的应用可行性。

5. 水电站动态不确定智能调度决策系统设计与应用。将理论研究成果集成到软件设计与开发之中，成功实现了集成化的企业版软件应用系统。目前本系统已推广应用到国内各种类型的水电站。

总之，系列研究成果在实际工程中得到推广与应用，能提升水电站发电效益 2%～5%。

在本书撰写过程中，得到浙江水利水电学院校长叶舟教授、浙江省水电管理中心主任葛捍东教授、水利部农村电气化研究所所长徐锦才博士等的审核、指导与帮助，在此表示衷心的感谢。

研究是无止境的，后续需要进一步加强动力特性分析方法的多样化研究、动态不确定优化调度模型的多条件约束研究、多种求解算法的改进研究、潮汐水电站的动态不确定优化调度研究以及软件的完善与升级等。

笔者

2015 年 4 月

目录

CONTENTS

第1章 绪 论

1.1 背景与研究意义

1.1.1 背 景

水电站厂内优化调度是国内外长期以来研究的重点和热点。水电站依托水能资源进行开发,而水能资源依托河流而存在,其大小由河流的实际蕴藏量决定。因此,从世界范围看,水能资源是有限的,世界上很多国家的水能资源开发率已经超过 60%[1],如美国约 82%,日本约 84%,德国约 73%,加拿大约 65%,法国、挪威、瑞士均在 80% 以上。当水能资源的开发达到很高程度时,不能再通过新建水电站获取更大效益,此时如何通过水电站群调度和厂内优化调度来提高水能资源的利用率就成为重点关注的问题。本书重点选取水电站厂内优化调度进行深入研究,旨在提高水电站厂内优化调度的决策水平和提升水电站厂内优化调度的效益。

1.1.2 研究意义

中国水能资源蕴藏量和技术可开发量皆居世界首位。据统计,全国水能资源理论蕴藏量为 6.944 亿 kW,每年可发电 6.083 万亿度,其中水能资源技术可开发量为 5.42 亿 kW,每年可发电 2.474 万亿度[2]。水电站为中国广大地区提供着电能,推动了中国的能源结构优化和电气化建设。相比火电、核电等能源形式，水电是清洁的可再生能源，水电的建设与发展，减少了燃煤的消耗量、二氧化碳的排放量，节能减排效益显著。截至 2012 年底，在全国江河 10 大流域和省、自治区和直辖市行政区域范围内，共有 300 多座大中型水电站（5 万 kW 以上）、55000 多座小型农村水电站（5 万 kW 及以下）以及约 30 座抽水蓄能电站，总装机容量突破了 2.3 亿 kW，位居世界首位[2-4]，它们在中国经济社会发展中发挥了重要作用。

从世界发达国家的水电发展经验来看，当水电建设发展到一定程度时，其发展重点将从新建水电站转移到水电站的更新改造和优化调度决策上[5-9]。就优化调度决策而言，包括水电站群（梯级）优化调度和水电站厂内优化调度。针对水电站群（梯级）的优化调度研究比较多且相对比较成熟，而针对水电站厂内优化调度的研究却仍然停留在理论研究、零星算法研究或单个水电站的算法应用研究等较低水平，尚未形成系统的现代理论与实践体系，更没有专业化的、企业版的水电站厂内优化调度决策产品，其主要原因是水电站在电能生产过程中具有诸多不确定性因素，诸如：① 全国水电站普查资料显示[2-3]，大部分水电站地处偏僻山区，存在测试仪器安装条件差、经济条件差等原因，未进行水轮发电机组真机试验，导致机组动力特性模糊，而机组动力特性是进行水电站厂内优化调度的基础和必备条件，机组动力特性是否清晰直接影响水电站厂内优化调度决策的精度高低。② 水电站相比火电、核电等发电能源其开停机比较灵活[10]，在电能生产过程中电网往往采用水电站进行调峰、调频和调相，时常采用负荷瞬时给定方式，从而导致水电站日负荷计划具有不确定性，而日负荷计划也是水电站厂内优化调度决策的基础。③ 国内很多水电站建设早（1990 年前建设的有 2.2 万余座）[3]，运行时间长，水电站机组老化，导致振动厉害、噪声大、故障多,在运行过程中时常有机组出现故障或事故停机,导致检修计划的瞬时变化。这些动态不确定因素使得传统的或其他领域常用的全局确定性优化调度模型无法在水电站电能生产过程中得到广泛应用与推广。

目前,中国水电站电能生产过程的机组负荷厂内调度基本上凭借经验,其长期运行的结果是浪费了大量宝贵的水能资源[10—12]。因此,建立动态不确定环境下的水电站电能生产优化调度模型、研究和改进模型求解方法以及开发专业化的企业版软件,以解决农村水电站的电能生产优化调度问题,已经迫在眉睫。

综上所述,研究和有效解决诸多动态不确定环境下的水电站电能生产优化调度问题,对提高水电站的发电效益、节约有限水能资源和节能减排,推动可清洁再生能源的发展和新农村建设等具有重要意义。

1.2 水电站动力特性研究现状

水电站水力机组的动力特性是由动力平衡原则来表示的,水电站在水能转变为电能的阶段,其能量变化、损失的特性,常用相应的动力特性方程来表示。通常包含以下五种典型的动力特性方程:功率损失特性方程、功率流量特性方程、效率特性方程、耗水率特性方程和微增率特性方程[10,13]。

水轮机的动力特性方程用于表达水轮机在不同工作状况下的能量转换及空化等方面的水力性能、出力特性及其他性能[14]。这些特性是水流在水轮机内部流动规律的外部表现[11,12]。目前的一些理论方法还很难全面地、精确地计算水轮机的各种性能,因此,水轮机的动力特性通常通过现场真机试验的方法获得。将试验所获得的水轮机性能参数绘制成不同形式的曲线图,以指导水电站水轮机组的运行[11]。

但是,目前国内已经做过现场真机试验的水电站并不多,其原因是:① 水电站地处偏僻,受到各种现场条件的限制无法安装测量仪表。② 基于动力特性的流量测量需要从最小机组段水头到最大机组段水头的测量,它是一个长期的过程,最好采用长期在线测量,然而在线实时流量测量仍是世界难题。③ 现场真机试验过程很长,要求很高,测量过程对水电站的耗水较大,将带来较大的发电损失,许多水电站具有反对情绪。因此,通过水轮机的模型特性资料获取动力特性成为一种必要的方法,但是通过模型特性资料获取的动力特性数据准确性不高,虽然一些相关教科书上有这方面的获取步骤介绍[14],但目前国内外还没有相关文献报道研究如何通过有效方法包括数据处理、数据存储、数据挖掘等来提升模糊动力特性数据的准确性和可靠性。

1.3 水电站厂内优化调度研究综述

水电站厂内优化调度也叫水电站厂内经济运行,其实质是电力系统调度在某时刻给定水电站总负荷的情况下,如何分配机组间的发电负荷;或在一个调度时期内,如何确定水电站厂内运行的机组台数、开停机次序以及机组间负荷的最优分配[14]。其最终目的是使水电站在运行周期内耗水最小化或发电效益最大化。水电站厂内优化调度研究主要涉及两个方面:一是水电站厂内优化调度模型研究;二是水电站厂内优化调度模型的求解算法研究。

1.3.1 水电站厂内优化调度模型研究现状

目前建立水电站厂内优化调度模型主要涉及以下几个方面的准则:国民经济效益最大或国民经济费用最小准则、电力系统支出费用最小准则、电力系统总耗煤量最小准则、水电站发电量最大准则、水电站耗水量最小准则等[15]。无论采用何种准则，其实质依然是水电厂的运行效益最大化，其模型主要包括目标函数和约束条件两个方面。

早在1946年，美国人Masse就将优化概念引入水电站和水库的优化调度中。1955年，李特尔(Little)采用马尔柯夫过程原理建立了动态规划模型，这是水库电站优化调度的开创性研究成果。1960年，霍华特(Howard)在《动态规划与马尔柯夫过程》一书中建立了马氏决策规划模型[16]。20世纪70年代，国外陆续发表的研究成果表明，单一水电站优化调度的马氏决策规划模型已日趋完善[17—19]。

中国开展水电站厂内优化调度的研究始于20世纪60年代初，几十年来，水电站厂内优化调度取得了显著的效果。1984年，张勇传把模糊等价聚类、模糊映射和模糊决策的概念引入水电站厂内优化调度研究中[10]。1998年，张勇传在《水电站经济运行原理》[14]一书中以成本最小为准则，建立了基于动态规划法求解的确定性厂内优化调度模型，该模型以机组分配的耗流量最小为目标，以机组电气和机械最大出力约束为条件，同时考虑了电力系统的电力平衡和水电站各机组的动力平衡，但依然是一个单目标的确定性厂内优化调度模型。

虽然水电站的厂内优化调度准则比较单一，但是就整个水库而言，其功能除了水电站发电之外，还有防洪、灌溉、供水、航运、旅游等功能，因此有学者结合水库的调度，提出多目标的优化调度决策模型[20]。张亚平[21]提出了多目标多阶级模糊优选模型的基本原理和解法。他把动态规划和模糊优选理论有机地结合起来，建立了多目标多阶级的水库优化调度模型并开发了决策支持软件。柳焯、徐海茹、夏清、蔡兴国、朱敏等研究了大系统中优化理论和模糊优选决策理论在梯级水电站系统中的应用,这些研究成果为水库和水电站梯级联合模糊优化调度奠定了理论基础。随着研究的深入,多目标优化理论也逐步应用到水库和水电站的梯级优化调度中,且粒子群算法相对流行[22—38]。但就水电站的厂内优化调度而言,水库的功能再多也只能作为其约束条件引入,从水电站的运行效益最大化目标出发,建立的数学模型依然是单一的目标函数。

目前,水电站厂内优化调度模型的约束条件基本上采用了电力平衡限制、出力限制和状态限制,这些限制都是确定性的,在实际的水电站运行过程中属于理想的状态。其实在水电站运行过程中除了上述确定性约束之外,还有动力特性模糊及实时修正变化、负荷计划实时瞬间调整变化、机组事故或故障停机的检修计划变化等不确定约束,同时需要考虑机组的振动区域和气蚀区域等。因此,如何建立基于动态不确定约束的水电站厂内优化调度模型,是提升模型适应实际水电站优化运行的关键所在。但目前国内外尚没有基于动态不确定水电站厂内优化调度模型的研究报道。

1.3.2 水电站优化调度算法研究现状

国内外学者为求解确定性的水电站厂内优化调度模型,曾采用拉格朗日乘子法、动态规划法、遗传算法、粒子群优化算法、神经网络算法等。仿真研究结果表明,这些求解方法能够有效求解水电站厂内优化调度确定性模型。

1. 拉格朗日乘子法

拉格朗日乘子法[14]有利于水电站机组的等微增率曲线求解,其优点在于可以通过手工绘图的方法来求解模型以获取最优分配方案。另外,随着机组数的增加,计算量增长近似于线性,没有“维数灾难”问题,且机组数目越多,算法效果越好。但是,拉格朗日乘子法的缺点也很明显:① 拉格朗日乘子法要求等微增率曲线为凸性,若等微增率曲线为非凸性的水电站,用其进行对偶法求解时,存在对偶间隙,出现"拉格朗日松弛"现象;② 拉格朗日乘子法的迭代过程有可能出现振荡或奇异现象,有时需要采取加快收敛的措施;③ 当模型的约束条件增加,会使计算量大大加大,并变得相当复杂,因此求解难度指数也相应增加。

2. 动态规划法

动态规划法大约产生于 20 世纪 50 年代,它随着运筹学的发展而来[14]。1951 年,美国数学家贝尔曼等人,为了把多阶段决策问题变换为一系列互相联系的单阶段问题,提出了"最优性原理",结合运筹学创建了一种新的最优化问题求解方法即动态规划法。动态规划法的优点在于可以全局性搜索最优调度方案,无需担心计算震荡、"早熟"、无法收敛等问题。但是,动态规划法存在一个至今难以克服的缺点,即"维数灾难"问题[39—40]。当水电站机组较多、约束条件较多等因素存在时,其求解维数将呈指数增长,导致求解速度慢,无法满足实时性要求或者出现"死机"。

3. 遗传算法

遗传算法是由模拟生物进化过程发展而来的,它由美国 Michigan 大学 John H. Holland 教授等[41]于 20 世纪 60 年代末到 70 年代初最先提出的,在 1975 年出版的 *Adaptation in Natural and Artificial System* 一书中,系统地阐述了遗传算法的基本理论与方法。1985 年,Davis[42]首次将遗传算法应用于优化调度问题,此后遗传算法应用越来越广泛。它将求解目标函数进行编码,编制基于适应度计算的进化规则,通过杂交、变异、淘汰等机制,实现模型的优化求解。由于遗传算法可以控制为局部收敛以求得满足要求的最优解,因此该方法计算速度快且容易控制。但其缺点是需要调整杂交率、变异率、淘汰率、收敛精度等参数,参数值调整不好,就可能出现"早熟"或"进化呆滞"现象。所谓"早熟"即可能出现"不成熟"的"最优解",实质上并不是最优解;所谓"进化呆滞"即收敛速度变慢、替代次数明显增多,最终可能产生无法收敛的现象。目前针对上述现象,国内学者针对不同水电站的仿真案例,也研究了多种方法和措施,如混沌遗传算法、梯度遗传算法等[43—44]。

4. 粒子群优化算法

Eberhart 和 Kennedy 通过对鸟群捕食行为的研究提出了一种粒子群优化算法。其与上述的遗传算法相类似,也是一种通过迭代搜寻最优值的求解方法。但是,不需要像遗传算法一样进行杂交和变异,而是采用粒子在解空间追随最优的粒子进行搜索。与遗传算法相比,粒子群优化算法的优势在于编程简单、容易实现、没有很多参数需要调整,目前已广泛应用于函数优化、神经网络训练、模糊系统控制及电力调度等领域[45—59]。

5. 神经网络算法

神经网络算法的基本思想是:选择适当的样本构成神经网络并进行"训练","训练"结束后投入在线使用,即获取最优方案。神经网络算法具有在线计算速度快、实时性好等优点。但是,其缺点是可能将简单的问题复杂化,如各神经元之间的极度并行互连功能,可能使得一个简单的问题,在普通人大脑约 1 秒就能完成的任务,而通过基于神经网络算法的计算机处理需要数 10 亿个步骤才能完成,导致神经网络算法存在样本学习时间过长的不足[15]。

1.4 水电站厂内优化调度智能决策研究现状

水电站厂内优化调度决策是一项复杂的系统工程,受到诸多的动态不确定因素影响,同时需要结合水电站运行人员的运行经验、方案选取经验以及水库和梯级调度的考虑[60—64]。要实现水电站厂内优化调度决策,首先,需要对水电站水轮机组的各种资料数据进行统计分析,获取精确的动力特性。其次,需要建立优化调度模型,尤其是需要结合水电站的实际建立动态不确定优化调度模型。再次,需要对模型进行求解。由于水电站的类型各不相同,有普通水电站、抽水蓄能水电站、潮汐水电站等,其模型的求解方法适用性各异,需要不断对优化算法进行改进和研究。最后,需要对研究成果进行软件化集成,基于优化调度决策理论和计算机技术,开发知识库、案例库、经验库等,集成专家的知识和实践经验,对各种调度方案进行决策分析及修正。

在水电站厂内优化调度决策过程中存在大量半结构、非结构化问题[65—67],除了有功负荷优化调度之外,其他的经验决策和专家知识不能采用数学模型进行描述,因此要求调度决策系统具有操作方便、时效性高、反应迅速、人机交互性好、调度人员容易理解等特点。

早在 20 世纪 70 年代初,国外一些学者就这一领域开展了比较系统的研究,田纳西流域委员会开发完成的 HYDROSIM 系统支持水库电站的日运行决策,同时具有水质分析及洪水分析功能。80 年代,田纳西流域委员会又在科罗拉多河流域开发了 SCADA 系统,结合监控记录水电站运行情况、水库水位及事故故障自动监控,为水电站运行人员提供调度决策支持,并具有紧急报警功能。80 年代末 90 年代初,新西兰 Z&M 公司开发了一款专门针对水电站优化调度的系统即 Allocate 系统。该系统采用了有功负荷优化调度确定性模型,根据负荷和机组情况进行优化计算,以水电站在同样的出库条件下发电量最大为准则,为水电站的运行人员提供简单的决策支持。此外,在相关领域中,Ahmad 采用了空间系统动力学的方法,设计了一款洪水管理智能决策支持系统,该系统是一个集成化的系统软件,它结合神经网络理论实现了洪水预测,利用专家知识库和经验库选择最佳洪水减灾方案,并具有经济评价的功能。其他还有加拿大 Manitoba 大学土木系开发的水库调度系统 IDSSREZES，以及后来的水库调度管理评价系统 HERMES 等[60—67]。

中国在这方面的研究较晚，目前仍处于对调度系统开发中的关键技术进行探索并在部分流域试验开发的阶段。20 世纪 80 年代末期，崔家骏等率先将决策支持的概念和方法引入水利领域，分析和设计了黄河防洪决策支持系统[68]。孟波等提出和设计了城市防洪决策支持系统[69]。1990 年，翁文斌等建成了京津唐水资源规划 WRMDSS 系统，且在数十个供水规划方案中作出了水库的多目标优化调度分析和水量调度的优劣顺序[70]。1993 年，黄河水利委员会研制了黄河流域的水资源经济模型，以该模型为基础建立了决策支持系统，帮助规划黄河水资源的综合利用和水量分配问题[71]。进入 21 世纪以来，决策支持系统逐步在中国水利水电领域得到应用。解建仓等成功开发了梯级规划和调度系统并在汉江上得到应用[72]；何文社等建立了长江三峡水库长期和短期调度决策支持系统[73]；国家防汛抗旱总指挥部办公室信息中心与众多高校及研究院联合开发了一款用于全国防洪调度的指挥系统等[74]。除此之外，近几年，把基于地理信息系统（GIS）或专家系统（ES）的优化调度和智能决策技术引入到流域梯级水电站的自动化调度领域中[75—78]，已成为国内外诸多学者和水利水电科研人员集中研究的热点问题。

综上所述，目前大多数调度辅助决策系统主要以防洪、规划、经济评价、水库调度为主，其发展也经历了从简单模型到复杂模型，从应用常规方法求解到应用智能优化算法求解的过程。而专门针对水电站厂内优化调度的智能决策系统国内外研究较少，一些水库的优化调度决策系统将水电站厂内优化调度作为一个辅助功能模块，作了简单的开发与应用，其模型也是非常简单，集成的算法都是针对确定性的约束条件。目前,发电企业在市场机制下追求发电效益的意愿在提高,国家对节能减排、节水型社会建设的重视,使得水电站厂内优化调度问题也不断被研究和重视。随着水电站建设和调度向基地级、规模化、流域化方向发展,水电站调度人员对调度辅助决策系统的要求也将越来越迫切。随着人工智能、专家库、计算机信息处理及决策支持等技术的迅速发展,水电站厂内优化调度决策支持系统的研究也将不断深入。

1.5 主要研究内容

1.5.1 理论方面

(1) 研究了从水电站模型试验资料获取动力特性数据的方法,将"视觉图像"领域的"质心法"引入水电站模糊动力特性数据的处理之中;将最小二乘多项式拟合和多项式插值联合起来,引入典型动力特性方程和非典型动力特性方程的建立过程;提出了"指数衰减"的数学方法,将其应用到典型动力特性方程的实时数据挖掘修正。

(2) 建立了水电站动态不确定优化调度模型。该模型打破了传统的确定性模型,将模糊动力特性实时修正、日负荷计划瞬变、检修计划瞬变等不确定因素引入模型的建立过程中,同时该模型除了考虑电力平衡、功率限制、运行区间限制等因素外,还考虑了气蚀和振动区域限制。

(3) 改进了传统的动态规划法和遗传算法。基于水电站动态不确定优化调度模型的特点,创建了时空动态规划递推求解方法(以下简称:时空动态规划法)和"螺旋法向逼近"遗传算法(以下简称:SVGA 算法)。实际应用表明,两种方法科学有效地求解了水电站动态不确定优化调度模型。同时，本书对这两种求解方法进行了比较研究，指出了两种方法的优缺点和适用范围。

（4）针对抽水蓄能电站的特殊性，改进了针对普通水电站所建立的动态不确定优化调度模型，建立了基于抽水蓄能电站的动态不确定优化调度模型，并采用 SVGA 算法对其进行求解。实践应用表明，模型适用性较好，求解方法可行，有效提升了抽水蓄能电站的动态效益和拓展了模型的应用范畴。

（5）将计算机软件技术、控件嵌入技术、COM 组件技术、模块化集成技术等应用到水电站动态不确定智能调度决策系统的设计与开发之中，成功实现了集成化的企业版软件应用系统。

1.5.2　实践方面

（1）将基于水电站模型试验资料获取动力特性数据的方法仿真应用到甘肃刘家峡水电站、山西天桥水电站、北京十三陵水电站，实际应用到湖南湘祁水电站、浙江温州珊溪水电站、浙江泰顺县仙居水电站等，从实践中不断改进和完善处理方法，结合计算机技术，创立了动力特性数据存储策略。

（2）将水电站动态不确定优化调度模型仿真或实际应用到多种类型的水电站，如高水头混流式水电站（甘肃刘家峡水电站）、中水头混流式水电站（浙江温州珊溪水电站）、低水头轴流式水电站（山西天桥水电站）、超低水电头河床贯流式水电站（湖南湘祁水电站）、抽水蓄能水电站（北京十三陵水电站）、小型农村水电站（浙江泰顺县仙居水电站）等，并进行了实例分析与研究，以验证模型的可行性。

（3）将时空动态规划法和 SVGA 算法进行集成化应用，采用实际例子分析两种求解方法的应用结果，对两种求解方法进行实例分析和比较研究。并将 SVGA 算法应用到抽水蓄能水电站动态不确定优化调度模型的求解中,验证其有效性。

(4)将理论研究成果不断集成到水电站动态不确定智能调度决策系统之中,对系统进行不断升级和推广应用,连续三年被列为"浙江省水利科技先进适用产品",并被"列入浙江省水利科技推广目录"。国家软件著作权登记号:2012SR012066,浙江省科技成果登记号:12057014,浙江省水利科技先进适用产品推广证书编号:ZST-8002-2013。目前本系统已应用到各种类型水电站20余座,本人荣获浙江省人民政府颁发的"浙江省农业科技成果转化推广奖"。

1.6 研究的结构体系

本书的研究结构体系如图1-1所示。

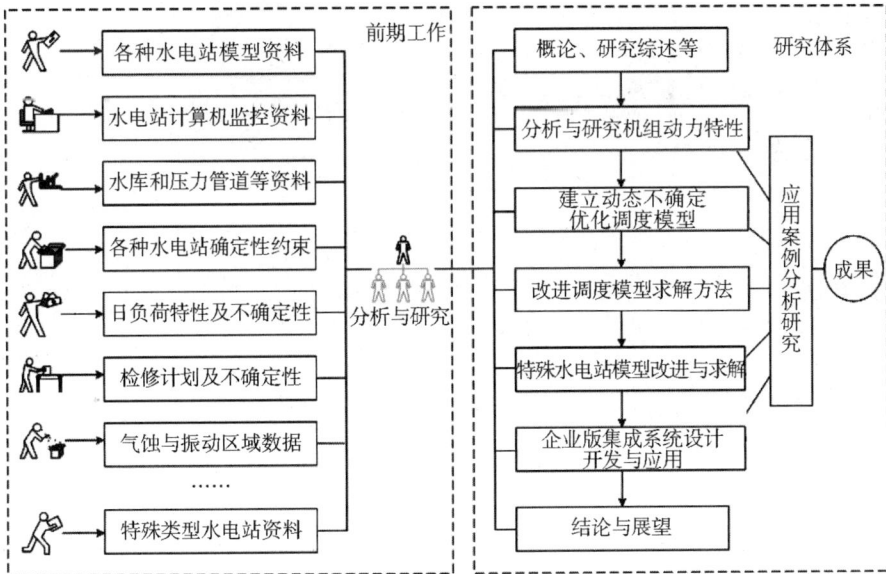

图1-1 本书的结构体系

从图1-1可知,首先,需要收集各种水电站模型资料、水电站计算机监控资料、水库和压力管道资料等,分析各种水电站确定性约束、日负荷特性及不确定性、检修计划及不确定性、气蚀与振动区域数据、特殊类型水电站资料等。其次,在这些资料具备的条件下,开展分析与研究。再次,按照以下步骤建立逻辑紧密的研究体系:水电站机组动力特性分析和研究、建立动态不确定优化调度模型、改进调度模型求解方法、特殊水电站模型改进与求解、企业版集成软件系统开发与应用。最后,在上述步骤的分析过程中,结合实际应用案例开展实证研究,得出结论与展望。

第 2 章　水电站水轮机组的动力特性分析与研究

2.1　引　言

水电站水轮机组的动力特性是水电站进行优化调度的基础，动力特性的准确程度直接影响了水电站负荷优化调度的精度，同时水电站动力特性能否进行实时修正，是决定水电站能否进行负荷实时优化调度的关键因素。因此，水电站水轮机组的动力特性分析与研究对整个水电站的厂内优化调度决策起到关键作用。

水电站水轮机组的动力特性是用来描述水电站各台机组之间的能量输出与输入关系的数量指标，它是进行水电站各个机组之间负荷优化调度的基础。水电站水轮机组动力特性分析直接关系到水电站厂内优化调度的准确性。要更深入地了解水电站生产运行过程中的能量转换规律和制定水电站最优运行方式，必须先分析水电站的机组动力特性，获取各台机组的动力特性方程，并将其保存在数据库中，以便水电站进行优化调度和智能决策时反复调用。

首先，水电站水轮机组的动力特性和水轮机的机型有关，有些水电站安装有多种类型的水轮机组，不同的水轮机组其动力特性必然不同。其次，水电站水轮机组的动力特性与机组的生产工艺、零部件装配工艺及安装工艺等相关，即使相同的机型，由于生产厂家不同，其生产工艺也会不同，因此动力特性也有差异；即便生产厂家相同,由于零部件装配工艺及安装工艺等不同,也会出现动力特性的差异。最后,水电站水轮机组的动力特性与机组的运行时间有关系。水轮机在运行过程中,受到空蚀、振动等的影响,尤其是经过检修之后,其动力特性和刚出厂的机组比较存在差异。

要想获取较准确的机组动力特性方程,必须开展一系列的试验,如效率试验、振动试验、流量测量等。但是,目前国内进行真机试验的水电站不多,尤其是中小型水电站,由于其测量条件不能满足、试验经费有限等原因,很少开展真机动力特性试验,这为准确获取机组动力特性方程带来了困难。本章将从获取动力特性的基本原理出发,首先,了解基于真机实测数据的动力特性分析与动力方程获取方法。其次,在没有真机实测数据的情况下,论述如何通过水电站水轮机组模型特性曲线、综合运作特性曲线、压力管道水头损失曲线等原始模型资料获取模糊动力特性的方法。最后,为了提高模糊动力特性方程的精确性,利用目前大部分水电站进行计算机监控运行的条件,从水电站计算机监控数据库系统中,智能挖掘水头、出力、流量等实际运行的数据,动态修正模糊动力特性,旨在使模糊动力特性方程更加趋近于基于真机实测数据的动力特性方程,为大部分无条件开展或不能开展真机试验的水电站,提供一种具有创新意义的获取较准确机组动力特性方程的方法,为后续水电站厂内优化调度和智能决策打下较好的基础,也使水电站厂内优化调度和智能决策模型及其系统更具适应性和推广性。

2.2 水电站机组动力特性基本原理

2.2.1 动力平衡

水电站机组的稳定运行实质上是一个动力平衡的过程,动力

平衡主要包括出力平衡和电能平衡两个方面[14]。出力平衡也叫功率平衡,是指单位时间内的能量平衡。其基本方程式为:

$$P_r = P + \Delta P \qquad (2-1)$$

式中:P_r 为输入功率;P 为输出功率;ΔP 为功率损失。

电能平衡是用来描述一段时间内的能量平衡的,其基本方程式为:

$$E_r = E + \Delta E \qquad (2-2)$$

式中:E_r 为输入能量;E 为输出能量;ΔE 为能量损失。

式(2-1)和式(2-2)表示水电站各生产过程中能量输入、能量输出和能量损失三者的相互平衡关系。

2.2.2　动力特性指标

为了描述水电站生产过程中能量转换和传送的规律,以及对水电站水力机组运行的功能和经济性进行比较,一般采用三种基本动力特性指标来描述,即绝对动力特性指标、相对动力特性指标和微分动力特性指标[10]。

1. 绝对动力特性指标

绝对动力特性指标是用水能参数的绝对值来表示动力量大小的特性指标。众所周知,水电站生产的四个阶段包括能量集中、能量输入、能量转换和能量输出,在这四个生产阶段中,水轮机先把水能转换为机械能,发电机再把机械能转化为电能输送给电网。在四个阶段中皆存在能量的损失,其动力特性的平衡如图2-1所示。

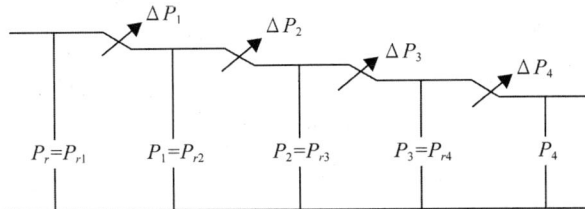

图 2-1　动力特性平衡

在水电站生产过程中后一阶段的能量输入与前一阶段的能量输出相等。对水电站而言，能量输出 P_4 和能量输入 P_{r1} 均为已知，用数学表达式描述生产过程中的能量关系如下：

$$\begin{cases} P_1 = P_{r2} \\ P_2 = P_{r3} \\ P_3 = P_{r4} \\ P_{r1} = P_1 + \Delta P_1 \\ P_{r2} = P_2 + \Delta P_2 \\ P_{r3} = P_3 + \Delta P_3 \\ P_{r4} = P_4 + \Delta P_4 \end{cases} \qquad (2-3)$$

式（2-3）反映了水电站在生产过程中动力特性的平衡。采用绝对动力特性指标来分析水电站机组的动力过程，其优点在于能清晰获知水电站动力过程各阶段中能量的绝对变化情况。

2. 相对动力特性指标

相对动力特性指标也叫作单位动力特性指标，在工程实际中，为比较各机组动力特性的优劣及运行工况的好坏，采用绝对特性指标有时很不方便，此时可采用相对动力特性指标。一般采用绝对动力特性指标的比值表示相对动力特性指标，比较常用的有两种：单位耗水率特性指标和效率特性指标。

（1）效率 η 是指输出功率与输入功率的比值，即：

$$\eta = \frac{P}{P_r} \qquad (2-4)$$

在水电站生产过程中各阶段的效率分别表示为：

$$\eta_1 = \frac{P_1}{P_{r1}}, \eta_2 = \frac{P_2}{P_{r2}}, \eta_3 = \frac{P_3}{P_{r3}}, \eta_4 = \frac{P_4}{P_{r4}} \qquad (2-5)$$

在水电站生产过程中总效率表示为：

$$\eta = \frac{P}{P_r} = \frac{P_1}{P_{r1}} \cdot \frac{P_2}{P_{r2}} \cdot \frac{P_3}{P_{r3}} \cdot \frac{P_4}{P_{r4}} = \eta_1 \eta_2 \eta_3 \eta_4 - \prod_{i=1}^{4} \eta_i \qquad (2-6)$$

（2）单位耗水率 q_0 是指输入功率和输出功率之比，即：

$$q_0 = \frac{P_r}{P} = \frac{P_{r1}}{P_1} \cdot \frac{P_{r2}}{P_2} \cdot \frac{P_{r3}}{P_3} \cdot \frac{P_{r4}}{P_4} = q_1 q_2 q_3 q_4 = \prod_{i=1}^{4} q_i \quad （2-7）$$

从式（2-6）和式（2-7）可看出单位耗水率与效率互为倒数，即：

$$\eta = \frac{1}{q_0}$$

在某一机组段水头下，通常当水轮发电机组发出单位千瓦时，在单位时间内消耗的水量称为机组的单位耗水率（q_0）或耗水率，即：

$$q_0 = \frac{Q}{P} \quad （2-8）$$

其中，Q 为流量。由此可见，在同一机组段水头下，各机组中某一出力 P 所对应的单位耗水率最小的机组，其动力性能为最好。

3. 微分动力特性指标

用绝对动力特性指标的微增量比值来表示的动力特性指标称为微分动力特性指标，通常称为微增率，常用耗水量的微增率 $\dot{q}$ 来表示，即：

$$\dot{q} = \frac{\mathrm{d}Q}{\mathrm{d}P} \quad （2-9）$$

2.2.3　水头特性

众所周知，水轮机组的输出功率 P 与水头 H 和流量 Q 的关系为：

$$P = 9.81QH\eta \quad （2-10）$$

其中，η 为效率。从式（2-10）中可以看出，确定水电站出力与发电量的主要因素是水头和流量。由于各种水头损失所造成的水电站能量损失，直接影响了水电站的经济效益，因此，必须对水头特性进行研究和分析。

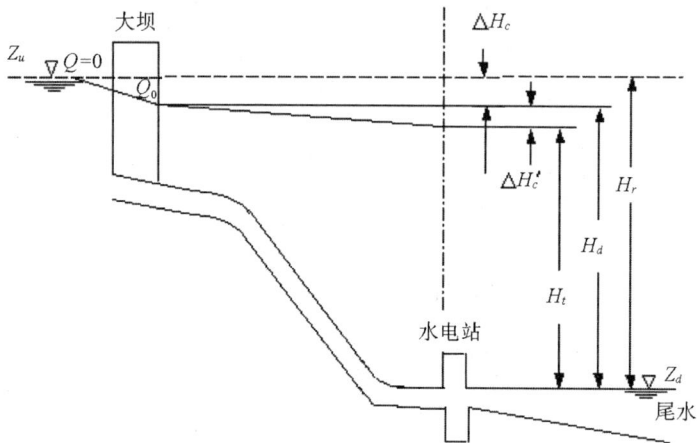

图 2-2　水电站水头特性

如图 2-2 所示是水电站的水头特性。水头平衡方程式可表示为：

$$H_r = Z_u - Z_d = H_d + \Delta H_c = H_t + \Delta H_c + \Delta H_c' \quad (2-11)$$

其中，H_r 为水电站的输入水头或毛水头；Z_d 为水电站的下游水位；Z_u 为水电站的上游水位；H_t 为水轮机水头；H_d 为机组段水头；$\Delta H_c'$ 为压力引水管中的水头损失；ΔH_c 为引水建筑物中的水头损失。

机组段水头（H_d）是机组的压力引水管的始端与水电站下游的水位差，它是实施水电站厂内优化调度决策的主要参数。一般水电站无论有几台机组，其机组段水头基本上是相等的，这有利于开展各机组之间的优化调度和智能决策研究。因此，本书进行优化调度和智能决策研究时所用的水头是机组段水头（H_d）。

水轮机水头（H_t）是直接作用于水轮机的水头，它是水轮机入口处水位与水轮机尾水管出口处的水位之差，故称为水轮机的工作水头。

在水电站实际运行的过程中，必须考虑引水压力管道和引水建筑物中的能量损失特性。压力引水管中的水头损失（$\Delta H_c'$）是指由于局部阻力和摩擦力所引起的水流经过压力引水管时所产生的水头损失。引水建筑物中的水头损失（ΔH_c）是指水流经拦污栅、进水口、调压室、明渠、隧洞及压力池等所引起的水头损失。

引水建筑物和压力引水管道中的总水头损失（ΔH）主要由局部水头损失和沿程摩阻水头损失组成，可用二次方程 $\Delta H = AQ^2$ 来表示，式中 A 为一系数，通过实测资料可以获得 A 的大小；当实测资料不全时，也可根据公式计算出来。一般水电站都采用最小二乘法[90]对压力钢管的流量平方与水头损失关系进行拟合，从而确定系数 A 的数值。

2.2.4　典型机组动力特性

一般水电站是根据动力特性平衡原则来表示水轮机组的动力特性的，在水能转变为电能的阶段，水电站的能量变化和损失特性，采用相应的动力特性方程来表示。典型的动力特性方程有六种：功率损失特性方程、流量功率特性方程、功率特性方程、效率特性方程、耗水率特性方程和微增率特性方程[79]。

1. 出力损失特性方程（$\Delta P \sim P$）

出力损失特性方程是最基本的机组动力特性方程，当已知机组出力损失，其他动力指标的数值也就确定了，计算各种不同特性方程时要以出力损失 $\Delta P \sim P$ 方程为基础。

2. 流量出力特性方程（$Q \sim P$）

流量出力特性方程是最重要的机组动力特性方程，当机组的流量出力特性方程已知，即可以获知某一水头下出力和流量的关系。因此，当采用最小流量为目标的水电站厂内优化调度时，流量出力特性方程是至关重要的。

3. 出力特性方程（$P_r \sim P$）

出力特性方程是表示机组的出力输入 P_r 与出力输出 P 的关

系方程,由于:

$$P_r = P + \Delta P \qquad (2-12)$$

$$P_r = 9.81QH_r \qquad (2-13)$$

故该方程可通过测量输入水头 H_r、流量 Q 及机组出力 P 得到。若出力损失 ΔP 为零,机组效率 $\eta = 100\%$,$P_r \sim P$ 为一条与横坐标轴成 $45°$ 的直线,则 $P_r = P$。当出力损失 ΔP 不为零时,可将直线方程 $P_r = P$ 与方程 $\Delta P \sim P$ 相叠加,得出实际出力特性方程 $P_r \sim P$。

4. 效率特性方程($\eta \sim P$)

效率特性方程表示机组效率 η 与出力 P 的关系方程。它可由 $\eta = \dfrac{P}{P_r}$ 或 $\eta = 1/(1 + \dfrac{\Delta P}{P})$ 的关系作出。

5. 微增率特性方程($\dot{q} \sim P$)

微增率特性方程也称为微分特性方程,它是机组的引用工作流量对出力的导数。微增率 $\dot{q}$ 按下列公式计算:

$$\dot{q} = \frac{\mathrm{d}P_r}{\mathrm{d}P} = \frac{\mathrm{d}}{\mathrm{d}P}(P + \Delta P) = 1 + \frac{\mathrm{d}\Delta P}{\mathrm{d}P} \qquad (2-14)$$

或

$$\dot{q} = \frac{\mathrm{d}Q}{\mathrm{d}P} = \frac{1}{9.81H_r}(1 + \frac{\mathrm{d}\Delta P}{\mathrm{d}P}) \qquad (2-15)$$

式中:$\dfrac{\mathrm{d}\Delta P}{\mathrm{d}P}$ 的值,可由 $\Delta P \sim P$ 特性方程上各点的切线斜率求得。根据计算得到的 $\dot{q}$ 值和对应的 P 值,就可以获取 $\dot{q} \sim P$ 特性方程。

2.3　模糊动力特性数据的获取

中国水电站的水轮发电机组,大多数尚未进行过真机动力特性试验,在此情况下,需要采用由设备制造厂商提供的水轮机模型试验资料、发电机效率特性资料和引水管的设计资料以及其他相关资料获取模糊动力特性数据,以流量功率特性数据获取为例,首先依据水轮机的模型试验资料绘制出水轮机的运行综合特性曲线,并在曲线上加绘若干条等流量线,其方法为:在图 2-3 上作 H_j 为某一个特定值时,平行于横轴的直线,读取此直线和等效率曲线交点,在交点处的效率 η_j 值和水轮机出力 P_j 代入 $Q_j = \dfrac{P_j}{9.81 H_j \eta_j}$ 中,其中,P_j 为水轮机出力(kW),Q_j 为水轮机的流量(m^3/s),η_j 为水轮机的效率。然后计算出各 P_j 值所对应的 Q_j 值,可绘制一条 $Q \sim P_j(H_j)$ 关系特性的曲线。对其他若干 H_j 值也同样可绘出相应的 $Q \sim P_j(H_j)$ 曲线,如图 2-4 所示。

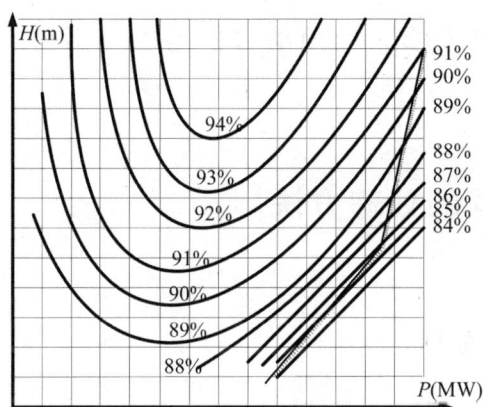

图 2-3　水轮机组的运行综合特性曲线

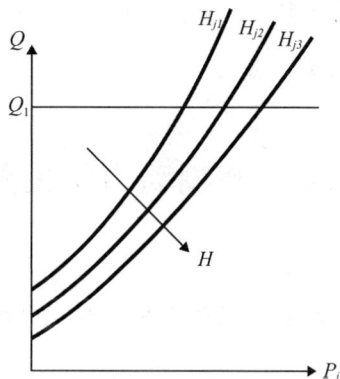

图 2-4　$Q \sim P_j(H_j)$ 曲线

接着,在该曲线簇上作流量 Q_1 的水平线与等 H_j 线相交,由各交点即可读出相应的 H_j 和 P_j 值。用这一组 H_j 及 P_j 的数值,就能加绘一根等流量线。在水轮机运行综合特性曲线图上,同样可加绘许多条趋势相对接近的等流量线。

然后,在机组段水头 H_{d1} 为某一特定数值时,获得的若干流量分别为 $Q_1, Q_2, Q_3, \cdots$。对于每个流量的值利用计算公式或引水管道水头损失特性($\Delta H \sim Q$) 曲线,求出引水管相对应的水头损失 ΔH_1,$\Delta H_2, \Delta H_3, \cdots$。而与流量值 Q_1 相对应的水轮机水头为 $H_{j1} = H_{d1} - \Delta H_1$。

根据 H_{j1} 及 Q_1 的值,就可以在图 2-3 中找出相应的水轮机组

出力 P_{j1} 的值,在发电机效率特性曲线上可以找出相应的发电机效率 η_d 的值,将 P_{j1} 乘以 η_d 就可得到机组出力 P_1。

对其他流量 $Q_2,Q_3,\cdots$ 也同样可以求得相应的机组出力的值 $P_2,P_3,\cdots$。这样便可以得到机组段水头为 H_{d1} 的各个 Q 值和相应的 P 值。

用模型试验资料获取机组动力特性数据不仅复杂,而且模糊不准确。当针对中国大多数水电站没有进行水轮机组真机试验的现实,采用该方法获取动力特性数据,并结合现有计算机监控系统数据库[80],挖掘实际运行数据来修正模糊动力数据也是不错的选择。

2.4　模糊动力特性数据的处理方法

2.4.1　基于"质心法"的数据处理

理论上水电站水轮机组的动力特性方程在不同水头下要求相互之间不交错,但依据模型资料等获取的数据误差较大,有时不能完全满足这一要求,这时就需作一些舍弃和修正。"质心法"是近些年视频数据和音频数据处理的流行方法,诸多研究和实际处理表明,该方法在数据合理性和连贯性检验中获得了很好效果。本书把"质心法"引入模糊数据的合理性检验中,以流量功率特性数据为例,其具体操作方法为:横坐标为功率,纵坐标为流量,以机组所有不同水头下的模糊特性数据为基础,求出平均水头下的流量功率特性。不同水头下的流量功率特性应与此平均流量功率特性相适应,即有相似的趋势,相互之间间隔一些距离,这个距离随功率增大而增大。将模糊特性数据按此总趋势进行修正,将某些明显不合理的数据舍弃不用,实践表明该方法效果良好。

2.4.2　基于最小二乘法的多项式拟合方程式

无论通过模型曲线获取的动力特性数据还是已经处理的实测数据,为了能够直观观察机组的动力特性,必须采用近似函数拟合方法来获取动力特性方程,本书采用最小二乘多项式拟合的方法。以流量功率特性数据为例,为了得到各水头下的流量与出力的函数关系 $Q = f(P,H)$,可以采用多项式方程来拟合曲线,其方程表达式为:

$$f(P,H) = a_0 + a_1 P + a_2 P^2 + \cdots + a_n P^n \qquad (2-16)$$

有学者认为,当多项式拟合的次数越高,可能其效果越好,这其实是一个误区。由数值分析的结论和实际经验可知,多项式拟合次数太高反而误差会增大。通过程序调试和实际结果分析表明,对于水电站各台水轮机组的流量特性方程,一般中低水头轴流式、河床式水电站用 3 次多项式拟合能达到满意的效果,而对高水头的混流式水电站或抽水蓄能电站则用 2 次多项式拟合即可满足要求。

2.4.3　出力限制及振动区域

每台水轮机组都有其出力限制范围,以流量功率特性曲线为例,针对每一个机组段水头,仅获取出力范围内的特性方程即可。针对有振动的机组,需要绘制出振动区域。振动区域可以采用不同颜色标识,能使动力特性曲线组更加直观生动。

2.4.4　典型机组段水头下的动力特性方程

无论是实测数据还是从模型特性曲线获取数据,各机组的机组段水头从最小到最大之间有无穷个,因此需要人为选取一组机组段水头作为典型机组段水头,并获取相应的动力特性方程。一般在最大机组段水头和最小机组段水头之间均匀选取 4～7 个典型机组段水头,加上最大机组段水头和最小机组段水头本身,构成典型机组段水头组。在典型机组段水头下,可以获得典型机组段水头下的功率损失特性方程、流量功率特性方程、效率特性方程、耗水率特性方程、微增率特性方程等方程。

2.4.5 非典型机组段水头下的动力特性方程

水电站实际运行往往在非典型机组段水头工况下,因此必须依据典型机组段水头下的动力特性方程,实时快速获取非典型机组段水头下的动力特性方程。目前,求非典型机组段水头(H)特性方程的方法可用二元多项式的插值逼近法和空间曲面拟合法等。但这些算法比较复杂,要求计算机的存储容量较大,当水电站机组较多时一般不能达到实时性的要求。本书提出了一种算法简单,计算速度快,且占用内存少,同时也能满足精度要求的方法,本书称其为"插值方程拟合法"。以流量功率特性方程为例,其算法为:

$$f_H(P) = f_i(P) + k(H)\big[f_{i+1}(P) - f_i(P)\big] \quad (2-17)$$

$$k(H) = (H - H_i)/(H_{i+1} - H_i) \quad (2-18)$$

式中:$f_H(P)$ 为水头为 H 时的流量功率特性曲线多项式;$f_i(P)$ 为水头为 H_i 时流量特性曲线多项式;$f_{i+1}(P)$ 为水头为 H_{i+1} 时流量特性曲线多项式;H_i 和 H_{i+1} 皆为典型机组段水头。非典型机组段水头下的动力特性方程获取步骤如下:

第一步:根据非典型机组段水头 H,找出离 H 最近的两个有实测数据的水头 H_i 和 H_{i+1},满足式 $H_i < H < H_{i+1}$。

第二步:获取 H_i 的流量特性曲线 $f_i(P)$ 和水头为 H_{i+1} 的流量特性曲线 $f_{i+1}(P)$ 方程。

第三步:据公式 $f_H(P) = f_i(P) + k(H)\big[f_{i+1}(P) - f_i(P)\big]$ 求出水头为 H 时的流量功率特性曲线多项式 $f_H(P)$。

第四步：据多项式 $f_H(P)$ 和此机组的出力限制以及振动汽蚀限制区等约束条件下，获取该机组在机组段水头为 H 时的流量特性曲线 $Q = f'_H(P)$。它是夹在水头为 H_i 的流量特性曲线 $f_i(P)$ 和水头为 H_{i+1} 的流量特性曲线 $f_{i+1}(P)$ 中间的一条曲线，且曲线的走势与 $f_i(P)$ 和 $f_{i+1}(P)$ 相似。

2.5　基于指数衰减方法的点线静态修正

在水电站计算机监控系统监控过程中，将不断地采集新的实际运行数据，包括各机组的流量 Q 和出力 P。当模糊动力特性方程已经存储到数据库，可以采用"指数衰减法"来实时修正机组的模糊动力特性方程，使方程更加接近实际运行工况。但该方法只能修正某一水头下的典型动力特性方程，而不能按照某一制定的原则全局性地动态修正整个机组的动力特性方程，故暂且称其为一种"点线静态"的修正方法。该方法即将旧的数据乘以一个衰减因子，然后再与新数据形成数据组，再用所得的新数据组来求拟合曲线的系数。

设某时刻水电站计算机实时监控系统采集到了一组流量 Q_i 和出力 P_i 的数据，其三次多项式拟合方程的表达式为：

$$Q = a_0 + a_1 P + a_2 P^2 + a_3 P^3 \qquad (2-19)$$

其中，Q 为流量；P 为出力；a_0, a_1, a_2, a_3 为多项式系数，对于所测量的某一出力 P_i，按照式（2-19）估计其流量为：

$$\overline{Q}_i = a_0 + a_1 P_i + a_2 P_i^2 + a_3 P_i^3 \qquad (2-20)$$

估计数据与实测数据之间的误差表达式为：

$$\Delta Q_i = \overline{Q}_i - Q_i = a_0 + a_1 P_i + a_2 P_i^2 + a_3 P_i^3 - Q_i \qquad (2-21)$$

再根据最小二乘原理可得表达式为：

$$(\Delta Q_i)^2 = (a_0 + a_1 P_i + a_2 P_i^2 + a_3 P_i^3 - Q_i)^2 \qquad (2-22)$$

由此可得，n 个实测点的总误差为：

$$\sum_{i=1}^{n}(\Delta Q_i)^2 = \sum_{i=1}^{n}(a_0 + a_1 P_i + a_2 P_i^2 + a_3 P_i^3 - Q_i)^2 \quad (2-23)$$

由求极小值的方法可知，分别对式(2-23)中 a_0,a_1,a_2,a_3 求偏导且令其等于零，可求得满足 $\sum_{i=1}^{n}(\Delta Q_i)^2$ 最小的 a_0,a_1,a_2,a_3。

改用矩阵表示，表达式如下：

$$\begin{cases} Q = \begin{bmatrix} Q_1 & Q_2 & \cdots & Q_n \end{bmatrix}^T \\ d_i = \begin{bmatrix} 1 & P_i & P_i^2 & P_i^3 \end{bmatrix} \\ D = \begin{bmatrix} d_1 & d_2 & \cdots & d_n \end{bmatrix}^T \\ X = \begin{bmatrix} a_0 & a_1 & a_2 & a_3 \end{bmatrix}^T \\ E = \sum_{i=1}^{n}(\Delta Q_i)^2 \end{cases} \quad (2-24)$$

于是 E 可表示为：

$$E = [Q - DX]^T[Q - DX] = Q^T Q - Q^T DX - X^T D^T Q + X^T D^T DX \quad (2-25)$$

E 对 X 求极小值的条件是：

$$\frac{dE}{dX} = 0 \quad (2-26)$$

即：

$$D^T DX = D^T Q \quad (2-27)$$

这样 X 可表示为：

$$X = (D^T D)^{-1} D^T Q \quad (2-28)$$

设：

$$A_1 = D^T D \quad (2-29)$$

$$B_1 = D^T Q \quad (2-30)$$

则 X 可表示为：

$$X = A_1^{-1} B_1 \quad (2-31)$$

其中：

$$A_1 = \begin{bmatrix} n & \sum\limits_{i=1}^{n} P_i & \sum\limits_{i=1}^{n} P_i^2 & \sum\limits_{i=1}^{n} P_i^3 \\ \sum\limits_{i=1}^{n} P_i & \sum\limits_{i=1}^{n} P_i^2 & \sum\limits_{i=1}^{n} P_i^3 & \sum\limits_{i=1}^{n} P_i^4 \\ \sum\limits_{i=1}^{n} P_i^2 & \sum\limits_{i=1}^{n} P_i^3 & \sum\limits_{i=1}^{n} P_i^4 & \sum\limits_{i=1}^{n} P_i^5 \\ \sum\limits_{i=1}^{n} P_i^3 & \sum\limits_{i=1}^{n} P_i^4 & \sum\limits_{i=1}^{n} P_i^5 & \sum\limits_{i=1}^{n} P_i^6 \end{bmatrix} \qquad (2-32)$$

$$B_1 = \begin{bmatrix} \sum\limits_{i=1}^{n} Q_i \\ \sum\limits_{i=1}^{n} P_i Q_i \\ \sum\limits_{i=1}^{n} P_i^2 Q_i \\ \sum\limits_{i=1}^{n} P_i^3 Q_i \end{bmatrix} \qquad (2-33)$$

由式(2-32)和式(2-33)按指数窗计算可知新、旧数据是简单的叠加关系，对于新测得的一对数据，出力 P 和流量 Q 将有以下结果：

$$\Delta A = \begin{bmatrix} 1 & P & P^2 & P^3 \\ P & P^2 & P^3 & P^4 \\ P^2 & P^3 & P^4 & P^5 \\ P^3 & P^4 & P^5 & P^6 \end{bmatrix} \qquad (2-34)$$

$$B_1 = \begin{bmatrix} Q \\ PQ \\ P^2 Q \\ P^3 Q \end{bmatrix} \qquad (2-35)$$

对旧数据引入衰减因子 $\alpha(0<\alpha<1,$可取 $\alpha=0.95)$,并与新数据合并考虑得到:

$$A=\alpha A_1+\Delta A \qquad (2-36)$$

$$B=\alpha B_1+\Delta B \qquad (2-37)$$

$$X=A^{-1}B \qquad (2-38)$$

于是,对于新采集来的数据流量 Q 和出力 P,通过以上方法拟合并修正机组的流量特性方程。采用实时修正动力特性方程方法,可以使动力特性方程更加准确,这有利于后续模型的建立与算法的更加精确求解。

2.6　基于可拓神经网络训练的全局动态修正

由于水电站的动力特性曲线在不同机组段水头下,具有趋势相同且不相交的特性(同趋不相交特性);而且曲线将按照机组段水头的不同,具有机组段水头线性等间距特性[2]。但是,基于"指数衰减"的数据处理只是一种静态的点对点或某一水头方程的线上修正处理方法,无法保证动力特性具备"同趋不相交特性"和"机组段水头线性等间距特性",因此需要一种全局的动态修正方法,从"指数衰减"的数据处理后的特性数据集样本出发,进一步进行动态修正处理,此处引入一种可拓神经网络训练方法。

可拓理论(extension theory)是 1983 年蔡文教授提出的一门创新性的学科,包括基元理论、可拓集合理论和可拓逻辑等方面,适合于解决一些不精确的、矛盾的信息,但可拓系统一般缺乏自学习、并行处理和自适应能力[6]。而人工神经网络(artificial neuron networks,ANN)[7] 是基于模拟人脑智能特点和结构的一种信息处理系统,具有并行分布处理与存储、自适应和自学习功能,但人工神经网络不适用于表达模型化的知识。采用人工神经网络训练解决实际问题时,往往只能将初始值取为零或随机数,从而增加了网络的训练时间或陷入非要求的局部极值。因此,可以将可拓理论与人工神经网络适当结合起来,吸取两者的长处,扬长避短,组成比单独系统性能更优的可拓神经网络系统。

本书将对水电站计算机监控系统历史数据库中的数据指数衰减处理后,采用可拓神经网络训练方法进行方程修正,利用可拓理论的物元模型确定连接输入/输出的初始权值,利用一种改进的可拓距离作为测度工具,如:

$$ED = \frac{|x-z| - (w^U - w^L)/2}{|(w^U - w^L)/2|} + 1 \qquad (2-39)$$

式中:ED 为可拓距离;$[w^U, w^L]$ 为某物元区间;x 为区间外某一待测物体。ED 用来判别待测物体 x 和一个区间 $[w^U, w^L]$ 的可拓距离。

本书的实际应用是抽水蓄能电站,抽水蓄能电站的机组中存在大量基于区间的分类与聚类问题,如气蚀区间、振动区域、动力特性趋向聚类等,即待分类问题的特征值发布是在一个有限的范围之内的,因此本书采用一种双权连接的可拓神经网络拓扑结构[8—9],如图 2-5 所示。

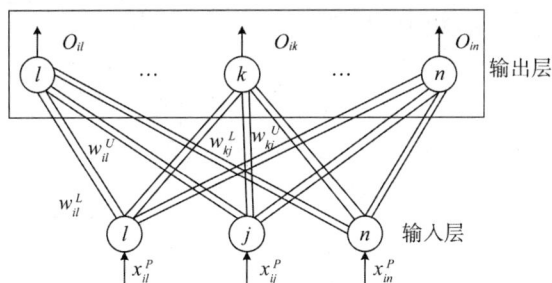

图 2-5　双权连接的可拓神经网络拓扑结构

双权连接的可拓神经网络的学习算法有监督学习算法和非监督学习算法两种。监督学习算法如同其他类型神经网络监督学习算法一样,它需要一个外界存在的教师,对一组给定的输入值将提供应有的输出结果,然后学习系统根据实际输出与已知输出之间的误差信号来调节系统参数,从而重新组织已有的知识和结构,使之不断地改善自身的性能。而非监督学习算法不存在外部教师,学习系统完全按照环境所提供数据的某种规律来调节自身的结构或参数,以表示外部输入的某种固有特征[10]。由于本书的数据环境来源于历史数据库所提供的数据,不存在已知的输出,只存在输出的趋势,故采用非监督学习算法更加合适。可拓神经网络非监督学习采用的是一种步进的方法,通过引入可拓距离和距离参数阈值来控制整个聚类训练的过程。首先,把第一个样本作为第一类,把其中各点设置为聚类中心点;其次,通过 K 计算该聚类的初始权值,并获得第二个样本;最后,对第二个样本与第一类进行可拓距离的比较,如果第二个样本的距离没有超过设定的距离参数阈值,则把它合并到第一类,否则,第二个样本将形成新的一类。该过程循环进行,直到所有样本数据形成稳定的聚类效果。

距离参数阈值可以设置为样本特征的总个数。根据可拓距离的表达式可知,当一个点落在其区间内时,可拓距离将小于1,如图2-6所示。

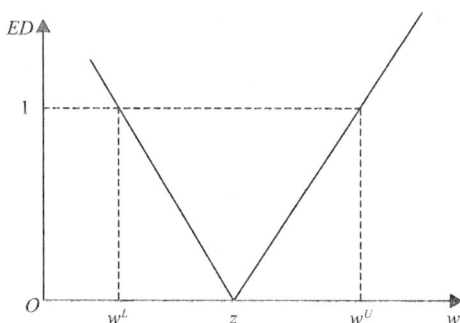

图2-6　改进后的可拓距离

所以,如果 $x_i = \{x_{x1}, x_{x2}, \cdots, x_m\}$ 有 n 个特征,那么当 $ED_p = \min\{ED_m\} > n$,则说明 x_i 不属于类别 p,这时需要创建一个新的类别。如果 $ED_p < n$,则样本 x_i 属于类别 p,对类别 p 所对应的中心点和权值进行调整,如:

$$w_{pj}^{U(\text{new})} = w_{pj}^{U(\text{old})} + (x_{ij} - z_{pj}^{\text{old}})/(M_p + 1) \qquad (2-40)$$

$$w_{pj}^{L(\text{new})} = w_{pj}^{U(\text{old})} + (x_{ij} - z_{pj}^{\text{old}})/(M_p + 1) \qquad (2-41)$$

$$z_{pj}^{\text{new}} = (w_{pj}^{U(\text{new})} + w_{pj}^{L(\text{new})})/2$$

$$j = 1, 2, \cdots, n \qquad (2-42)$$

$$M_p = M_p + 1 \qquad (2-43)$$

其中，M_p 是属于类别 p 的样本个数。

如果输入第 i 个数据样本时，x_i 将从旧类别 O 变换到新类别 K，则需要调整相对应的类别 O 的中心值和权值，如：

$$w_{oj}^{U(\text{new})} = w_{oj}^{U(\text{old})} + (x_{ij} - z_{oj}^{\text{old}})/M_0 \qquad (2-44)$$

$$w_{oj}^{(\text{new})} = w_{oj}^{L(\text{old})} + (x_{ij} - z_{oj}^{\text{old}})/M_0 \qquad (2-45)$$

$$z_{oj}^{(\text{new})} = (w_{oj}^{U(\text{new})} + w_{oj}^{L(\text{new})})/2$$

$$j = 1, 2, \cdots, n \qquad (2-46)$$

$$M_0 = M_0 - 1 \qquad (2-47)$$

从上述可知，该算法在网络学习过程中只调整了类别 O 和类别 K 所对应的权值，相比其他的各种非监督学习算法，其训练的时间比较短，且容易获取数据库的数据或知识。同时，该可拓神经网络拓扑结构在聚类过程中还保持着稳定性和可塑性等特点。但是，要想保持该网络具有好的聚类效果，阈值距离参数的选择至关重要，这需要结合实际应用和专业背景进行选择和不断调整。

2.7　动力特性数据存储策略

随着计算机技术、自动化技术和数据库技术的发展，水电站计算机监控系统、水电站厂内经济运行系统、水电站优化调度与决策系统、水电站故障诊断与处理系统等智能化系统不断得到开发与应用。这些系统是以水电站水轮机组的动力特性数据为基础的，其应用和发展对水电站水轮机组动力特性数据的准确性、完整性和可靠性提出了更高的要求[80]。采用数据存储技术来提高水电站水轮机组动力特性数据的准确性、完整性和可靠性是长期以来研究的重要课题。

水电站动力特性的数据种类繁多，如流量、出力、机组段水头、水轮机水头、限制出力、机组效率、振动数据、检修数据、气蚀区域数据以及由上述数据进行动力特性分析后的派生数据等。如何利用有效的数据储存机制来提高动力特性数据的完整性、准确性和可靠性是本书要论述的重点内容之一。

由于数据源的不相同性，须采用不同的数据存储策略，这些存储策略可以描绘为图 2-7 所示的流程。

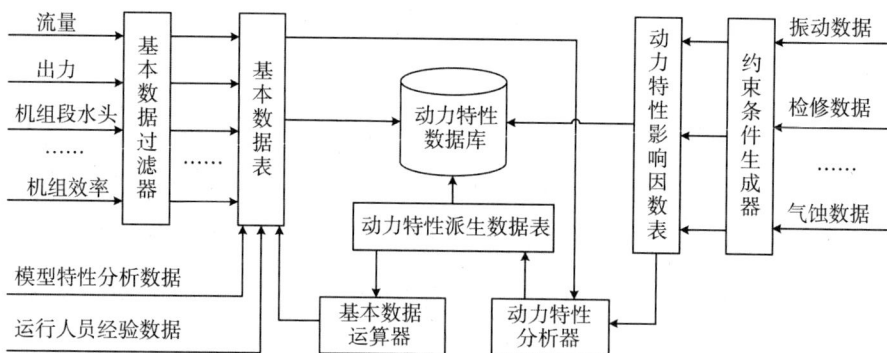

图 2-7　动力数据存储策略

（1）建立数据表。通过 SQL 程序语句或数据库编程方法，在数据库中增加了基本数据表、动力特性影响因数表和动力特性派生表等。

（2）制定数据存储策略。通过基本数据过滤器过滤后将基本数据如机组段水头、流量、出力等存入基本数据表中，同时也将模型特性分析数据和运行人员经验数据存入基本数据表中。另外，从动力特性派生表中获取的经过基本数据运算器运算形成的临时数据也存入该表。

（3）建立影响因数数据表。检修数据、振动数据和气蚀数据分别通过约束条件生成器等生成和计算后存入动力特性影响因数表中。

（4）建立派生数据存储策略。结合基本数据表中的数据，动力特性影响因数表的数据通过动力特性分析器生成动力特性派生数据，这些数据将被存入动力特性派生数据表中。

通过以上的策略设计，将从以下的三个方面提高动力特性数据的准确性、完整性和可靠性。

（1）不但在机组段水头、出力、流量、机组效率等数据进入基本数据表之前，采用基本数据过滤器进行过滤，而且基本数据表接收运行人员经验数据、模型特性分析数据和基本数据运算器的数据等可对基本数据表的数据进行修正和补偿，提高了基本数据的准确性、完整性和可靠性。

（2）存储动力特性数据的核心部件是动力特性派生表，在本策略中来自动力特性影响因数表和基本数据表的数据，经过动力特性分析器分析存储到动力特性派生表中。因此，通过优化设计动力特性分析器可以提高动力特性数据的准确性、完整性和可靠性。

（3）检修、振动、气蚀等数据先经过约束条件生成器的计算和检验后才能进入动力特性影响因素数据表，从而消除了约束条件数据的冲突和冗余，保证了约束条件数据所形成的约束区域的准确性和可靠性。

上述动力特性存储策略为动力特性数据储存组件的设计与开发奠定了基础。本书通过一系列软件设计开发技术，实现了动力特性数据过滤器、动力特性分析器、动力特性数据运算器、约束条件生产器等组件的设计与开发，该部分内容将在第 6 章作详细介绍。

2.8 应用实例分析

2.8.1 动力特性数据修正应用实例分析

本书以北京十三陵抽水蓄能电站为例对动力特性数据修正的实际应用进行说明。北京十三陵抽水蓄能电站是京津唐电力系统的重要组成部分,该电站有 4 台机组可同时从静止状态启动,在 3min 之内与系统并网,并将负荷调整到 20 万 kW 满出力运行。现在以十三陵抽水蓄能电站的♯1号机组的流量出力动力特性的获取、修正和可拓训练为例,验证上述算法的有效性和合理性。

依据模型综合特性曲线,获取模型动力特性数据,然后采用最小二乘法进行拟合[11],拟合后的方程组如式(2-48),动力特性曲线如图 2-8(a) 所示。

$$Q_1 = f(416, P) = 0.0166P^3 - 0.5431P^2 + 7.235P + 10.4049$$

$$Q_2 = f(430, P) = -0.0074P^3 + 0.426P^2 - 4.6776P + 31.4775$$

$$Q_3 = f(445, P) = 0.025P^3 - 0.2484P^2 + 2.8395P + 25.332 \qquad (2-48)$$

$$Q_4 = f(460, P) = -0.0045P^3 + 0.339P^2 - 4.0982P + 29.8928$$

$$Q_5 = f(477, P) = 0.0048P^3 + 0.0282P^2 - 1.3929P + 22.4895$$

从图 2-8(a) 中可知,该流量动力特性趋势和间隔都不均匀,且各个水头的特性曲线有相互交互现象,很显然不符合实际要求,尤其是当水头为 $H_d = 416\text{m}$ 时,失真特别厉害。

从实际运行的历史数据库中,挖掘 416m、430m、445m、460m、477m 等典型水头的运行数据进行基于指数衰减方法的修正处理,取 $\alpha = 0.95$,采用多项式的最小二乘法重新拟合,拟合后的特性方程如式(2-49),曲线如图2 8(b) 所示。从图中可知,修正后的曲线方程有明显的改观,但是 430m、445m、460m 三条特性方程依然

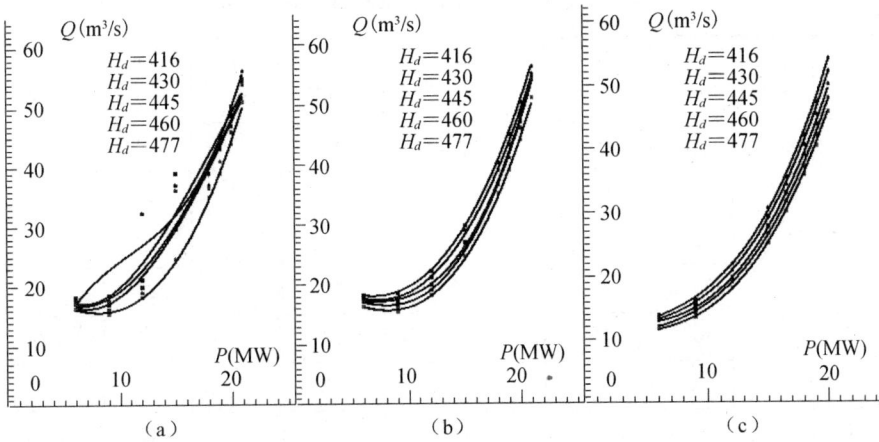

图 2-8　指数衰减方法修正处理前后比较

存在相互交叉现象,依然不符合流量出力动力特性的实际要求。这是由于基于指数衰减方法的数据修正只是对曲线上的点进行静态修正,而不是针对全局的动态训练修正。

$$Q_1 = f(416,P) = 0.0033P^3 + 0.0759P^2 - 1.4835P + 23.5943$$

$$Q_2 = f(430,P) = 0.0028P^3 + 0.096P^2 - 1.829P + 24.5615$$

$$Q_3 = f(445,P) = 0.0077P^3 - 0.0816P^2 + 0.0092P + 18.416 \qquad (2-49)$$

$$Q_4 = f(460,P) = 0.0057P^3 + 0.009P^2 - 1.2495P + 22.9768$$

$$Q_5 = f(477,P) = 0.0048P^3 + 0.0282P^2 - 1.3929P + 22.4895$$

按照流量出力动力特性方程不相互交互、趋向一致,间隔符合水头 H_d 线性插值的原理,采用可拓神经网络的训练方法,对其进行训练修正。取 416m、430m、445m、460m、477m 的各数据样本 8 个,合计 40 个数据样本,如表 2-1 所示。

通过多次试验,基于可拓距的阈值距离参数设置为:$\{H_d \equiv 416\} \in [0.02, 0.26]$,$\{H_d \equiv 430\} \in [0.27, 0.46]$,$\{H_d \equiv 445\} \in [0.47, 0.65]$,$\{H_d \equiv 460\} \in [0.66, 0.86]$,$\{H_d \equiv 477\} \in [0.87, 0.98]$。

表 2-1 各典型水头下的流量和出力数据样本

ID	H_d (m³)	Q (m/s)	P (万 kW)	H_d (m)	Q (m³/s)	P (万 kW)	H_d (m³)	Q (m³/s)	P (万 kW)
1		18.2	6		17.8	6		17.4	6
2		18.6	9		17.6	9		17	9
3		22.3	12		21.2	12		20	12
4	416	29.8	15	430	29	15	445	27	15
5		40.2	18		39	18		37	18
6		45	19		43.2	19		41	19
7		50.3	20		48.8	20		47	20
8		56.2	21		55	21		54.5	21
1		17.2	6		16.3	6			
2		16.2	9		15.5	9			
3		19	12		18.2	12			
4	460	26.1	15	477	24.6	15			
5		36.5	18		35	18			
6		41	19		39	19			
7		46	20		44	20			
8		54	21		51	21			

对可拓神经网络训练后的数据进行重新拟合,拟合后的方程如式(2-50),其曲线如图 2-8(c) 所示。

$$Q_1 = f(416, P) = 0.0062P^3 - 0.0452P^2 + 0.5966P + 10.3807$$

$$Q_2 = f(430, P) = 0.0055P^3 - 0.022P^2 + 0.2761P + 11.1384$$

$$Q_3 = f(445, P) = 0.0045P^3 + 0.0141P^2 - 0.2531P + 12.8529 \quad (2-50)$$

$$Q_4 = f(460, P) = 0.0055P^3 - 0.0363P^2 + 0.4332P + 9.4469$$

$$Q_5 = f(477, P) = 0.0045P^3 + 0.0026P^2 - 0.1204P + 11.206$$

针对抽水蓄能电站水泵水轮机的特殊性,将指数衰减方法和可拓神经网络训练方法集成为实时修止模块,该模块嵌入系统的"计算"子系统中[12],具体软件设计与开发参见第6章。该方法在对北京十三陵抽水蓄能电站的动力特性分析中取得了很好的效果，机组的动力特性如图 2-9 所示。图中平铺显示了经过指数衰减方法和可拓神经网络训练方法修正后的流量出力特性曲线、出力微增率特性曲线、出力效率特性曲线以及耗水率特性曲线。

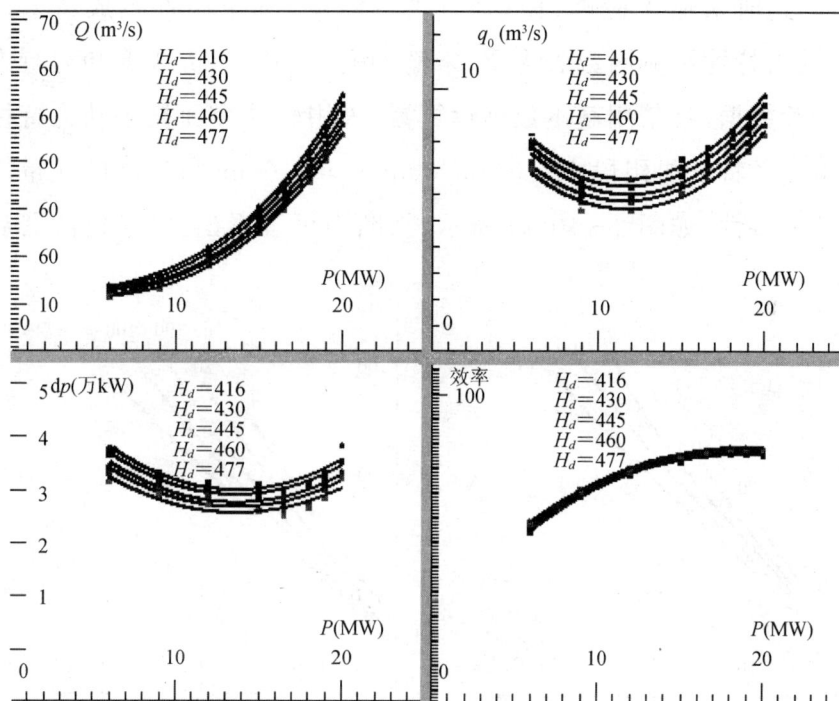

图 2-9　抽水蓄能电站水泵水轮机动力特性分析

从图 2-9 可知，经过指数衰减方法和可拓神经网络训练方法获取的北京十三陵抽水蓄能电站的动力特性，效果较好，这为后续的抽水蓄能水电站厂内优化调度和水火电站联合经济运行奠定了坚实的基础。

2.8.2　数据存储策略应用实例分析

现采用黄河上游的刘家峡水电站作为仿真研究对象，刘家峡水电站是一个高水头的混流式水电站，安装有 5 台混流式水轮机机组，机组段水头控制在 70～114m，5 台机组的限制出力皆为 36 万

kW,由于其第5号机组的振动和气蚀比较厉害,检修比较频繁,故取其第5号机组为典型研究对象,并在实际验证中采用分步启用数据存储组件的策略。

第一步:启用过滤器对数据进行过滤,同时启用动力特性分析器。这时未输入检修、振动、气蚀等数据,约束条件生成器未启用,动力特性影响因数表为空;未输入模型特性分析数据和运行人员经验数据,且禁用基本数据运算器;采用软件界面显示动力特性派生表各特征机组段水头(70m、80m、90m、100m、114m)的流量出力动力特性,如图2-10(a)所示。从图中可以看出,经过过滤器后

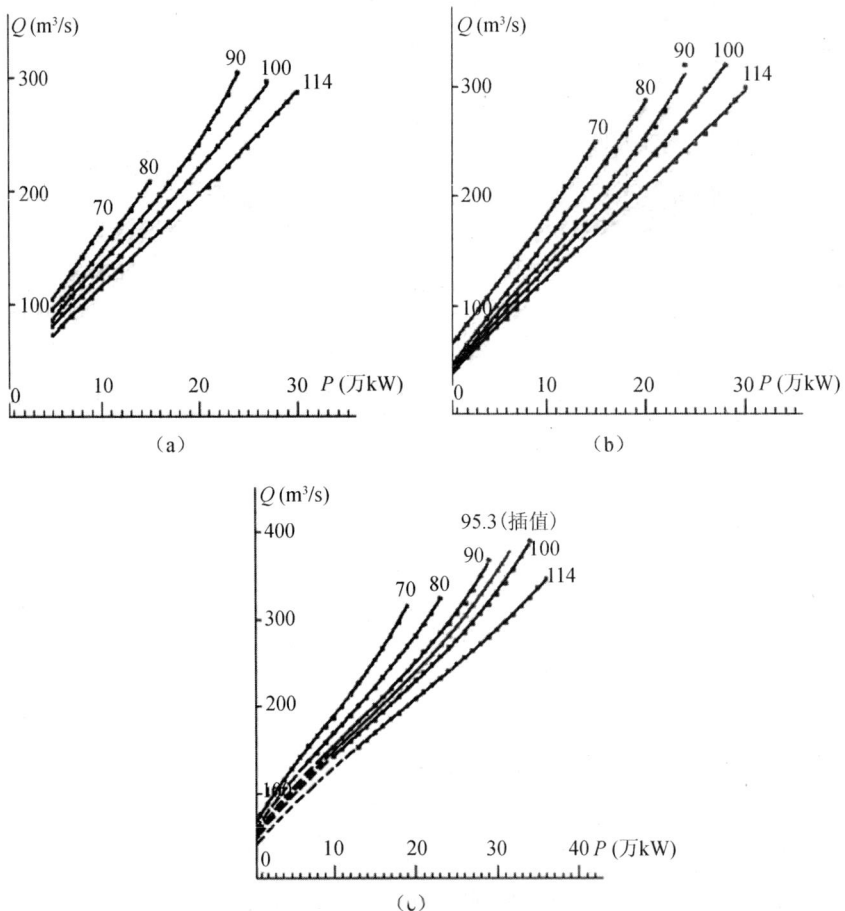

（a）

（b）

（ｃ）

图2-10　流量出力特性验证

的动力特性较为光滑，同时也验证了动力特性分析器中封装的质心分析技术和特征数据拟合技术的有效性，而且动力特性曲线的趋势保持一致，并具有基本相同的间隔。但 61 万 kW 以下和 30 万 kW 以上的数据缺失，影响了动力特性数据的完整性。

第二步：输入运行人员经验数据和模型特性分析数据。运行人员经验数据和模型特性分析数据对基本数据表的数据进行补偿，主要补偿零点出力点的数据，零点出力点的数据只能从运行人员经验结合模型特性数据给出。补偿了零点出力点的数据，并经过动力特性分析器的特征数据的拟合技术和质心分析技术可获得 6 万 kW 以下的流量出力特性方程。通过软件界面的图形显示如图 2-10(b) 所示。这不但说明了运行人员经验数据和模型特性分析数据对动力特性数据完整性的影响，同时进一步验证了动力特性分析器封装的特征数据拟合技术和质心分析技术更加有效，但是仍然不能补偿 30 万 kW 以上的数据。

第三步：启用约束条件生成器和基本数据运算器。启用约束条件生成器可把数据存储到动力特性影响因数表中并进行优化。把水电站实时运行的机组段水头(95.3m，非特征机组段水头)作为约束条件，存储到动力特性影响因数表中。再启用基本数据运算器，利用其从动力特性派生表中获取各机组段水头下的动力特性方程，并代入各水头的出力限制数据，获取限制出力条件下的流量数据，并补偿到基本数据表中。输入检修、振动、气蚀等数据，这时软件界面显示流量出力动力特性如图 2-10(c) 所示。从图中可以看出：① 基本数据运算器补偿了限制出力以下及 30 万 kW 以上的数据，说明了基本数据运算器能正常工作(刘家峡水电站 5 台水轮机组的修正流量出力动力特性表参见附录 A 至附录 D)；② 在图中显示的非特征机组段水头(95.3m)下的动力特性曲线，验证了非特征数据插值拟合技术的有效性，同时动力特性分析器质心技术对 70m 的零点数据进行了进一步修正,也说明了动力特性分析器质心技术更加有效;③ 图中虚线区域为振动气蚀约束条件区域,表明该机组在该区域运行时将产生较大的振动和气蚀等,其验证了约束条件生成器的正常工作;④ 在图中的约束条件区域同样限制了非特征机组段水头(95.3m)下的插值曲线,说明了动力特性分析器分散存储技术的有效性。

本章小结

本章重点研究和论述了水电站水轮机组的动力特性,从动力平衡出发,分析了典型动力特性方程的获取、处理、实时修正方法以及存储策略,尤其是在无真机试验情况下如何进行模糊动力特性数据的获取、处理与优化。模糊动力特性本身是水电站动态不确定优化调度模型的组成部分,同时水轮机组动力特性的准确性直接影响到后续优化调度算法的精度。因此,水电站水轮机组的动力特性分析是一项重要的基础性工作,它将直接影响到后续各章的研究。下面将以水电站水轮机组的模糊动力特性分析为基础,分章论述水电站动态不确定优化调度模型的建立、算法改进与求解以及抽水蓄能电站动态不确定优化调度问题。

第3章 水电站动态不确定 优化调度模型研究

3.1 引 言

　　水电站的动力特性是建立水电站优化调度模型的基础,本章将在动力特性研究的基础上,借鉴静态确定优化调度模型的建立方法,通过改进、吸收和再创新,建立动态不确定优化调度模型,为水电站优化调度算法改进和系统开发奠定基础。

　　目前大部分研究都集中在静态确定优化调度模型上,但实际上水电站在优化调度过程中将出现诸多动态不确定因素,如未进行水轮发电机组真机试验导致机组动力特性模糊、电网负荷瞬时给定导致日负荷计划不确定、水电站机组老化导致故障检修计划瞬变等。这些动态不确定因素使得最新的研究在静态环境下的确定性优化调度方法无法应用到水电站电能生产过程中。国内外许多学者通过建立数学模型、采用时限时域优化和控制输入与输出等步骤最终得到全局最优解[81—86],并采用各种算法提高搜索全局最优解的准确性和实时性[39—59]。但是,在水电站的电能生产过程中,由于水轮发电机组的环境是动态的、可变的,在大多数情况下无法预知,因此搜索全局最优解的意义很不明显。

　　为此,笔者通过参与国家自然科学基金项目"面向节能减排的流程工业生产过程不确定动态调度方法及其应用(No. 60874074)"

和国家"十二五"科技支撑计划"水电站高效发电技术与设备研制（No.2012BAD10B01）"的研究，建立了水电站动态不确定优化调度模型。

3.2　动态不确定因素分析

（1）获取模糊动力特性数据。目前大多数水电站未曾做过水轮发电机组的真机特性试验，但随着水电站自动化更新改造工程的不断推进，逐步安装了水电站计算机实时监控系统，进行网络控制和调度，这为建立模糊动力特性数据表创造了条件。如果无法获取水电站的水轮发电机组动力特性，也就无法获取水头、出力和流量三者的确切特性关系方程。本书将论述通过水轮机的模型运转综合特性曲线、引水管设计资料、发电机效率特性曲线以及其他相关特性资料综合测算，从而建立不确定动力特性方程，且该方程须在水电站实际运行中不断进行动态修正。

（2）负荷的瞬时给定。中国大多数水电站水能资源的情况具有如下特征：① 为径流式水电站。有些水电站的水库库容很小甚至无库容。② 河流的流量随季节的变化比较大。根据电力系统的调度计划，首先需要制订水电站日负荷计划，再在实际运行中根据水电站当时的水位及水库来水等情况对计划进行瞬时修正，且实时自动给定；其次通过数据库技术建立环境预测数据库（具体参见第6章）。通过建立日负荷数据表将日负荷计划数据进行存储。把日负荷计划存入日负荷数据表中，然后在每个运行时段周期内，当机组的检修计划发生改变时，扫描日负荷数据表；当水位情况和来水情况发生变化时，修正日负荷数据表；当日负荷数据表中给定的负荷大于机组总出力时，修正日负荷数据表，并将给定的负荷设置为各机组总出力之和，通过中控中心的通信工作站反馈给调度中心。

（3）不确定检修计划。首先依据水电站的实际情况制订出年检修计划，输入环境预测数据库的检修计划表中。其次根据水电站的月实际运行情况制订出下月检修计划，修正年检修计划数据；在每周的运行中制订周检修计划，修正月检修计划数据。由于中国一些老的小型水电站其设计和施工的技术水平有限，在运行过程中相比新建的大中型水电站容易出现运行的故障或事故，一旦某台机组在运行过程中出现了事故而停机，则该机组状态将立刻进入检修计划控制范围，因此在机组出现停机工况时，会修正检修计划表数据。

3.3　确定性约束和不确定性约束

水电站在生产过程中有确定性约束和不确定性约束[82]两种，下面结合上述动态不确定因素分析建立约束域 R。

3.3.1　确定性约束

（1）基本的出力约束。出力约束包括机械出力约束和电气出力约束两种，皆可采用的表达式为：

$$P_{\mathrm{min}i} \leqslant P_i \leqslant P_{\mathrm{max}i}, i \leqslant n \qquad (3-1)$$

式中：n 为机组台数；P_i 为 i 号机组的实际出力约束；$P_{\mathrm{max}i}$ 为 i 号机组的最大出力约束；$P_{\mathrm{min}i}$ 为 i 号机组的最小出力约束。

（2）振动或气蚀的出力约束。其表达式为：

$$P_i \notin \{H_{di1}[P_{\mathrm{min}1}, P_{\mathrm{max}1}]\} \bigcup \{H_{di2}[P_{\mathrm{min}2}, P_{\mathrm{max}2}]\} \bigcup \cdots \bigcup$$
$$\{H_{dim}[P_{\mathrm{min}m}, P_{\mathrm{max}m}]\} \qquad (3-2)$$

式中：表示 i 号机组的实际出力 P_i 不属于振动或气蚀出力约束区域的集合；m 表示 i 号机组有 m 个典型的机组段水头，其中 $H_{di1}[P_{\mathrm{min}1}, P_{\mathrm{max}1}]$ 表示 i 号机组在机组段水头为 H_{di1} 工况下的振动或气蚀出力约束。

（3）电力平衡的约束。其是指在某时刻电力系统给定的负荷等于水电站机组总出力之和。其表达式为：

$$P(t) = \sum_{i=1}^{n} P_i(t) \qquad (3-3)$$

式中：$P(t)$ 为 t 时刻电力系统的给定负荷；$P_i(t)$ 为第 i 台机组的出力；n 为机组台数。

3.3.2 动态不确定性约束

（1）模糊动力特性约束。以流量模糊动力特性为例，当模糊的流量特性在时间 t 进行修正，则随后的流量将按照下式进行计算：

$$Q_i(t) = f(H_{di}(t), P_i(t)) \qquad (3-4)$$

式中：$H_{di}(t)$ 表示第 i 台机组在 t 时刻的机组段水头；$Q_i(t)$ 表示第 i 台机组在 t 时刻的流量；$P_i(t)$ 表示第 i 台机组在 t 时刻的出力。

（2）瞬时给定负荷约束。对计划负荷而言，瞬时负荷是一个干扰变量[8]，该变量须在计划负荷的下一时窗周期内处理。现令时窗的周期为 T，当前时窗状态为 kT，其中 k 为整数，设计划负荷为 $P_h(t)$，瞬时负荷为 $P_s(t)$，则 $(k+1)T$ 时刻的负荷 P 为：

$$P = \int_{kT}^{(k+1)T} (P_h(t) + P_s(t)) \mathrm{d}t \qquad (3-5)$$

（3）不确定检修计划约束。当第 i 台机组出现事故停机时，检修计划将发生改变，这时须在同一时窗周期内进行负荷实时调整，设当前时窗状态为 kT，则此时的耗水计算表达式为：

$$W_{si} = W_{offi} + Q_1 + Q_2$$

$$= W_{off} + \sum_{i=1}^{n} \int_{(k-1)T}^{t} f(H_{di}(t), P_i(t)) \mathrm{d}t +$$

$$\sum_{i=1, i \neq i}^{n} \int_{t}^{kT} f(H_{di}(t), P_i(t)) \mathrm{d}t \qquad (3-6)$$

其中，Q_1 为发生事故时刻 t 之前的 $t-(k-1)T$ 时间内各机组耗水的总和；Q_2 为发生事故时刻 t 之后的 $kT-t$ 时间内各机组耗水的总和（除事故机组外）；W_{offi} 为出现故障机组 i 的停机耗水。

3.4　动态不确定优化调度模型的建立

3.4.1　开停机耗水子模型

水轮发电机组开机耗水量 W_{on} 是指机组从停机状态启动到并网状态所有的时间内消耗的水量。水电站开机过程中的水量消耗如图 3-1(a) 所示。图中 Q_0 为机组的空载流量，t_2 为机组启动到并网的时间。由图可知，开机过程中的耗水量 W_{on} 就是梯形 $ABCD$ 的面积。机组停机过程中的水量消耗 W_{off} 如图 3-1(b) 所示，它是从机组甩负荷为零开始到导叶完全关闭这段时间内所耗用的水量，其值等于三角形 EFG 的面积[92—94]。

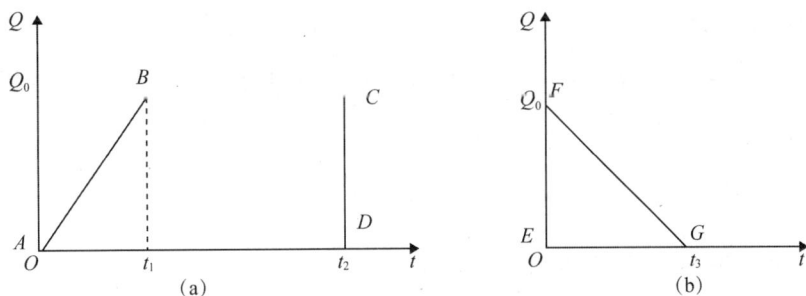

图 3-1　开停机耗水

由图 3-1 可以看出，水电站的开停机耗水量相对很小，尤其是停机耗水量可以忽略。在实际生产中，由于开停机过程中要启动一系列油气水辅助设备，而且开停机过程中会给设备带来额外的损耗，这些都可以折合成水量的消耗 W_z，用以对频繁开停机的惩罚。这不但加强了水电站运行工况的相对稳定性，同时增强了水电站电能生产的安全性和可靠性，而且不影响水电站的综合经济效益。水电站第 i 台机组的开停机耗水用数学表达式可以表示为：

$$W(i) = W_{oni} + W_{offi} + W_{zi} \qquad (3-7)$$

式中：W_{oni} 为第 i 台机组的开机耗水量；W_{offi} 为第 i 台机组的停机耗水量；W_{zi} 为第 i 台机组的开停机设备损耗折合消耗水量。

3.4.2 空间优化数学子模型

水电站运行总出力是由上级电网调度中心根据整个大电网的优化运行策略给定的，而水电站的目标是按照安全、可靠、优质的原则生产电能，从使整个水电站的总工作耗流量最小。用数学表达式可描述为：

$$\begin{cases} Q = \min \sum_{i=1}^{n} Q_i \\[2mm] P = \sum_{i=1}^{n} P_i \\[2mm] P_i \in R_i \end{cases} \qquad (3-8)$$

式中：Q 为整个水电站的总工作耗流量，P 为上级电网调度中心给定的总负荷，一般为常数，但在不同时段是变化的；P_i 为第 i 号机组的出力；Q_i 为第 i 号机组的耗流量；R_i 为第 i 号机组的约束域；n 为水电站参与发电的机组台数（不包括检修机组）。

3.4.3 时间优化数学子模型

设短期调度周期为 T，把调度周期分为 m 个时窗，以耗水量最小为原则，其某一时窗内的优化数学表达式为：

$$\begin{cases} Q_{\min j} = \min \left\{ \sum_{i=1}^{n} \left[\int_{(j-1)T}^{jT} f(H_{di}(t), P_i(t)) dt + W(i) \right] \right\}, \\[3mm] P_j = \sum_{i=1}^{n} \int_{(j-1)T}^{jT} P_i(t) d \\[3mm] P_j \in R \\[2mm] j = 1, 2, \cdots, m \end{cases} \qquad (3-9)$$

式中：Q_{minj} 为 j 时窗的最小耗水量；$W(i)$ 为第 i 号机组在时窗内的开停机耗水量；P_j 为 j 时窗的水电站总负荷；R 为约束域。

3.4.4　日负荷计划子模型

水电站的日负荷图（见图 3-2）[14]就是在一天内把水电站各时段负荷连成一条曲线，一般水电站以小时为时段单位记录日负荷。水电站日负荷计划由调度部门根据电力系统的能量平衡以及水电站的防洪、灌溉和来水等情况制订。由于一个水电站的日负荷计划不会突然改变很大，故可以根据往年相似水电站工况下的日负荷图和最近一段时间的日负荷图预报负荷，进而制订日负荷计划。一般把一天分为 24 个时段（每时段为 1h）。

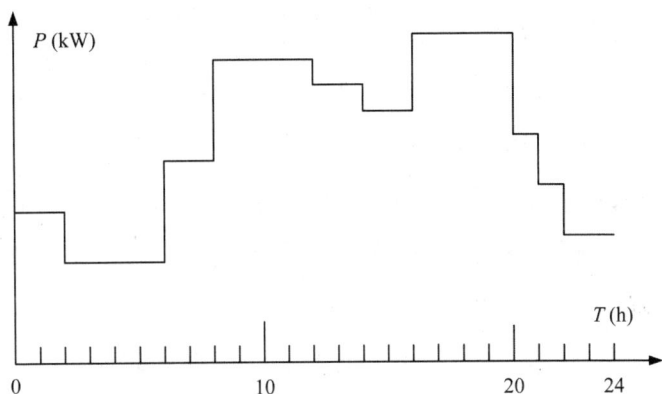

图 3-2　水电站日负荷

3.4.5　动态不确定优化调度模型

在水电站进行优化调度运行的分析和研究过程中应考虑开停机耗水量、日负荷计划、检修计划、气蚀和振动区域以及最大出力限制等，结合空间优化和时间优化数学模型表达式建立动态不确定优化调度模型[83]。根据水电站耗用的水量最小的优化运行准则，要求在保证安全和电能质量、完成规定的日发电量的前提下，一天

24h 的日负荷计划分为 m 个时段,其数学模型为:

$$
\begin{cases}
Q_{\min} = \int_0^{24} \Big(\min\Big\{ \sum_{i=1}^n \Big[\int_{(j-1)T}^{jT} f(H_{di}(t), P_i(t)) \mathrm{d}t + W(i) + W_{si} \Big] \Big\} \Big) \mathrm{d}t, \\
\quad j = 1, 2, \cdots, 24 \\
W(i) = W_{oni} + W_{offi} + W_{zi} \\
W_{si} = W_{off} + \sum_{i=1}^n \int_{(k-1)T}^t f(H_{di}(t), P_i(t)) \mathrm{d}t \\
\quad + \sum_{i=1, i \neq v}^n \int_t^{KT} f(H_{di}(t), P_i(t)) \mathrm{d}t \\
P = \int_0^{24} \Big[\sum_{i=1}^n \int_{(k-1)T}^{kT} P_i(t) \mathrm{d}t + \int_{kT}^{(k+1)T} (P_h(t) + P_s(t)) \mathrm{d}t \Big] \mathrm{d}t, \\
\quad k = 1, 2, \cdots, m \\
P_i(t) \in R_i = \{ H_{di1}[P_{\min 1}, P_{\max 1}] \} \bigcup \{ H_{di2}[P_{\min 2}, P_{\max 2}] \} \\
\quad \bigcup \cdots \bigcup \{ H_{dim}[P_{\min m}, P_{\max m}] \} \\
P_{\min i} \leqslant P_i(t) \leqslant P_{\max i}, i \leqslant n
\end{cases}
\tag{3-10}
$$

式中:n 为机组台数;$P_i(t)$ 为第 i 台机组的出力;$H_{di}(t)$ 表示第 i 台机组在 t 时刻的机组段水头;$f(H_{di}(t), P_i(t))$ 为机组段水头 $H_{di}(t)$ 下的第 i 台机组在 t 时刻的流量;$W(i)$ 为第 i 号机组在时窗内的开停机耗水;W_{oni} 为第 i 台机组的开机耗水量;W_{offi} 为第 i 台机组的停机耗水量;W_{zi} 为第 i 台机组的开停机设备损耗折合消耗水量;W_{si} 为检修计划改变引起的耗水;v 为检修机组;P 为某一天内各时刻电力系统的给定总负荷;$P_h(t)$ 为 t 时刻日计划负荷;$P_s(t)$ 为 t 时刻瞬时负荷;$H_{di1}[P_{\min 1}, P_{\max 1}]$ 表示 i 号机组在机组段水头为 H_{di1} 的情况下的振动出力或气蚀出力上下限;$P_{\min i}$ 为 i 号机组的最小出力;$P_{\max i}$ 为 i 号机组的最大出力。

3.5　动态不确定优化调度模型的计算机实现方法

3.5.1　动态不确定优化调度模型的系列组件

由于存在模糊动力特性、不确定检修计划和瞬时给定负荷等动态不确定因素,故不能采用确定环境下的全局最优调度控制策略,须建立可滚动的优化不确定调度策略,开发相应的计算机组件。虽然在数控加工、机器人研制以及航海航天等领域存在很多关于可滚动的动态不确定优化调度组件研究成果[82-85],但很少在水电站电能生产优化调度决策中研究与应用。随着网络技术和计算机技术的不断发展,中国新建水电站基本上实行计算机实时监控,而老的水电站也通过自动化改造逐步实行了计算机实时监控,因此可以利用已有的水电站计算机实时监控网络,开发基于实时网络控制系统的动态不确定优化调度组件,并进行嵌入式链接应用,即利用水电站的实时网络控制系统优势,构建具有环境预测数据库、时窗驱动器、滚动时窗、时窗优化模件以及反馈校正器等构成的闭环动态不确定优化调度组件系列[85],各个组件之间的关系如图 3-3 所示。

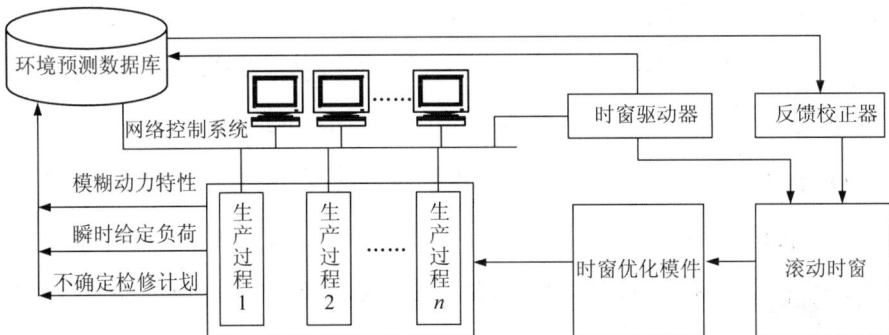

图 3-3　基于网络控制系统的水电站闭环动态不确定优化调度组件关系

在图3-3中,水电站有多个电能生产过程,电能生产过程与上位机链接,由实时网络控制系统控制,而环境预测数据库链是系统的核心部分,它接到系统的局域主干网,由I/O调度触发器负责其调度,由数据库管理系统(DBMS)负责管理。环境预测数据库接受生产过程的动态不确定数据和网络控制系统的先验数据,由时窗驱动器驱动I/O调度触发器完成数据输出,由反馈监测器将数据输入滚动时窗,进而进行每个周期的数据初始化。由时窗驱动器驱动滚动时窗,这为时窗优化模件提供了周期化的数据环境。

3.5.2　动态不确定优化调度组件的相关实现

动态不确定优化调度组件将通过系列计算机技术进行数据库开发和模块化实现,具体实现技术将在第6章论述,主要包括环境预测数据库、滚动时窗、时窗驱动器、时窗优化模件和反馈校正器等设计与开发技术。这些组件嵌入水电站动态不确定智能调度决策系统之中,成为软件系统的核心模块。

3.6　应用实例分析

浙江省仙居水电站有4台机组,#1、#2机组的动力特性基本相同,其单机装机容量为2500kW;#3、#4机组的动力特性基本相同,其单机装机容量为3500kW,水电站的总装机容量为12000kW。水电站未开展过真机试验,只能从厂商的模型资料中获取典型机组段水头下的模糊动力特性,同时需要在优化调度计算中进行修正。#3、#4机组存在振区和气蚀区域。水电站一般用于调峰,日负荷计划可能会瞬时变化。#1、#2机组2005年经过增容改造,运行时间不长,出现事故的概率较低。#3、#4机组

1998 年投入运行,运行时间比较长,出事故的概率较高。2005 年增容改造时安装了实时网络控制系统,采用计算机进行实时监控,由于水电站动态不确定因素多,计算机实时监控系统携带的基于确定条件的全局优化模块即自动发电控制模块(AGC)处于停用状态,因此需要嵌入基于实时网络控制系统的动态不确定调度模块。该模型嵌入水电站动态不确定智能调度决策系统之中,与现有的计算机监控系统对接,在水电站电能生产过程中开展优化调度和决策。

依据水轮发电机厂商的模型特性资料、引水管道耗水率特性资料和发电机的效率特性资料,获取了模糊动力特性数据,现取典型的机组段水头为 70m、80m、90m、100m、110m,采用最小二乘法的 3 次多项式方程拟合获得动力特性方程[87-89],并把方程系数存储在环境预测数据库中,模糊流量出力动力特性方程如下:

♯1、♯2 机组:

$Q_1 = f(70, P) = -0.0278P^3 + 0.7857P^2 + 5.6706P + 59.5238$

$Q_2 = f(80, P) = -0.0117P^3 + 0.5210P^2 + 4.6935P + 59.8182$

$Q_3 = f(90, P) = -0.0141P^3 - 0.4453P^2 + 14.1368P + 24.7821$

$Q_4 = f(100, P) = -0.0018P^3 - 0.0192P^2 + 8.659P + 38.2607$

$Q_5 = f(110, P) = -0.0033P^3 - 0.1461P^2 + 10.2228P + 23.8712$

♯3、♯4 机组:

$Q_1 = f(70, P) = 0.0073P^3 - 0.0467P^2 + 10.987P + 63.824$

$Q_2 = f(80, P) = 0.0065P^3 - 0.1456P^2 + 11.2153P + 55.9431$

$Q_3 = f(90, P) = 0.0097P^3 - 0.3143P^2 + 12.143P + 49.8703$

$Q_4 = f(100, P) = 0.0062P^3 - 0.266P^2 + 11.613P + 48.8703$

$Q_5 = f(110, P) = 0.0054P^3 - 0.291P^2 + 11.7885P + 47.5433$

当水电站运行的水头不在典型机组段水头时,需要修正原有模糊动力特性,例如该水电站 2012 年 6 月 20 日的运行水头为

95m，此时可利用 90m 和 100m 的模糊动力特性插值修正获取动力特性。

$\sharp 1$、$\sharp 2$ 机组在机组段水头为 95m 时的修正流量出力动力特性方程为：

$$Q' = f(95,P) = 0.00792P^3 - 0.23225P^2 + 11.3979P + 31.5214$$

$\sharp 3$、$\sharp 4$ 机组在机组段水头为 95m 时的修正流量出力动力特性方程为：

$$Q' = f(95,P) = 0.00795P^3 - 0.2902P^2 + 11.878P + 49.3703$$

滚动时窗的确定性出力约束如表 3-1 所示。

现设时窗驱动器的驱动周期为 1h，日负荷分为 24 时段滚动。该水电站 2012 年 6 月 20 日的瞬变日负荷和计划日负荷曲线如图 3-4 所示。图中实线表示实际总出力，虚线表示计划总出力。第 6—9 时段的虚线是由于系统给定负荷瞬时变化所引起的，第 13—17 时段的虚线是由于 $\sharp 4$ 机组出现故障暂时停机引起的，导致计划负荷大于另外三台机组的负荷之和。

表 3-1　滚动时窗的确定性出力约束

机组段水头(m)	$\sharp 1$、$\sharp 2$ 机组基本出力约束(kW)	$\sharp 3$、$\sharp 4$ 机组基本出力约束(kW)	$\sharp 3$、$\sharp 4$ 机组振动出力约束(kW)		$\sharp 3$、$\sharp 4$ 机组气蚀出力约束(kW)	
			下限	上限	下限	上限
70	1400	2100	0	600	0	650
80	1600	2400	0	800	0	800
90	1800	2700	0	950	0	980
100	2200	3100	0	980	0	980
110	2500	3500	0	1200	0	980

2012 年 6 月 20 日的动态不确定因素有：① 各台机组的振区和气蚀区域参照表 3-1；② $\sharp 4$ 机组在第 13—16 时段有检修；③ 计划日负荷的特性有突然变化，如图 3-4 所示。第 6—9 时段计划负荷为 5000kW，分别突变为 7000kW、9000kW、8000kW；第 13—17 时段计划

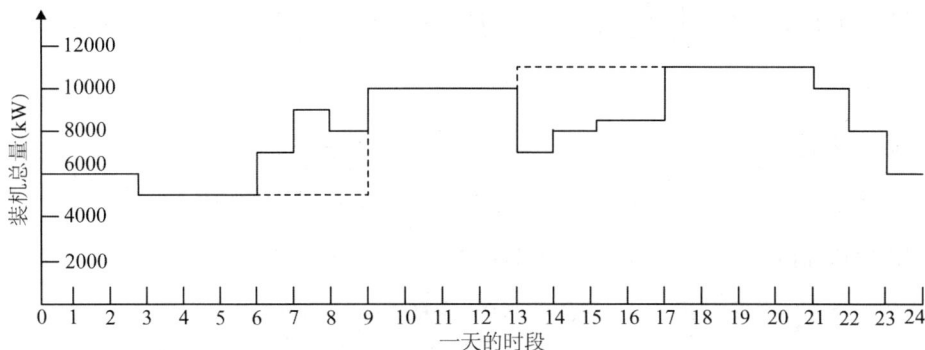

图 3 - 4　水电站日负荷计划和日负荷

负荷为 11000kW,分别突变为 7000kW、8000kW、8500kW、8500kW。

按照以上动态不确定因素,参照式(3 - 10),由水电站动力特性分析可知,$H_{d1}(t) = H_{d2}(t) = H_{d3}(t) = H_{d4}(t) = H_{d5}(t) = 95\text{m}$,$n = 4, m = 24, v = 4, t_1 = 13, t_2 = 16, T = 1, R_3 = R_4 = [0, 980]$,$0 \leqslant P_1(t) \leqslant 2000, 0 \leqslant P_2(t) \leqslant 2000, 0 \leqslant P_3(t) \leqslant 2900, 0 \leqslant P_4(t) \leqslant 2900, W_{on1} = 1.6\text{m}^3/\text{s}, W_{on2} = 1.5\text{m}^3/\text{s}, W_{on3} = 1.5\text{m}^3/\text{s}, W_{on4} = 1.5\text{m}^3/\text{s}, W_{off1} - 1.5\text{m}^3/\text{s}, W_{off2} = 1.2\text{m}^3/\text{s}, W_{off3} = 1.2\text{m}^3/\text{s}, W_{off4} = 1.3\text{m}^3/\text{s}$。查询开停机设备损耗折合消耗水量曲线,$W_{s1} = 0.25\text{m}^3/\text{s}$,$W_{s2} = 0.26\text{m}^3/\text{s}, W_{s3} = 0.29\text{m}^3/\text{s}, W_{s4} = 0.32\text{m}^3/\text{s}$。

目标函数:$Q_{\min} = \int_0^{24} \Big(\min\Big\{ \sum_{i=1}^{4} \Big[\int_{(j-1)}^{j} Q_{ci}(P_i(t))\mathrm{d}t + W(i) + W_{si} \Big] \Big\} \Big) \mathrm{d}t$,

$\qquad j = 1, 2, \cdots, 24$

开停机耗水量:$W(1) = 3.1, W(2) = 2.7, W(3) = 2.7, W(4) = 2.8$

检修计划瞬变:$W_{si} = W_{off} + \sum_{i=1}^{4} \int_0^{13} f(H_{di}(t), P_i(t))\mathrm{d}t +$

$$\sum_{i=1, i \neq 4}^{4} \int_{13}^{16} f(H_{di}(t), P_i(t))\mathrm{d}t +$$

$$\sum_{i=1}^{4} \int_{16}^{24} f(H_{di}(t), P_i(t))\mathrm{d}t$$

日负荷瞬变：$P = \int_0^{24} \left(\sum_{i=1}^4 \int_{(j-1)}^j Q_{ci}(P_i(t)) \mathrm{d}t + \int_j^{(j+1)} (P_h(t) + P_s(t)) \mathrm{d}t \right) \mathrm{d}t$,

$\qquad j = 1, 2, \cdots, 24$

振动区域：$P_3(t) \in R_3 = [0, 965], P_4(t) \in R_4 = [0, 965]$

气蚀区域：$P_3(t) \in R_3 = [0, 980], P_4(t) \in R_4 = [0, 980]$

出力限制：$0 \leqslant P_1(t) \leqslant 2000, 0 \leqslant P_2(t) \leqslant 2000,$

$\qquad 0 \leqslant P_3(t) \leqslant 2900, 0 \leqslant P_4(t) \leqslant 2900$

采用动态不确定优化调度组件对该日负荷进行优化后,优化结果如表3-2所示。其中优化算法采用了螺旋法向逼近遗传算法,该算法将在第4章重点介绍。

表 3-2　基于动态不确定优化调度组件的优化调度结果

时间 (h)	总负荷	各机组负荷(kW)				各机组流量(m³/s)				总耗水 (m³/s)
		♯1	♯2	♯3	♯4	♯1	♯2	♯3	♯4	
0	6000	2500	2500	1000	0	12.11	0.00	12.94	0.00	25.06
1	6000	2500	2500	1000	0	12.11	0.00	12.94	0.00	25.06
2	6000	2500	2500	1000	0	12.11	0.00	12.94	0.00	25.06
3	5000	2000	2000	1000	0	16.70	0.00	15.60	0.00	32.31
4	5000	2000	2000	1000	0	16.70	0.00	15.60	0.00	32.31
5	5000	2000	2000	1000	0	16.70	0.00	15.60	0.00	32.31
6	7000	2500	2500	1000	1000	15.32	0.00	14.21	0.00	29.53
7	9000	2500	2500	2000	2000	15.32	13.44	14.21	0.00	42.97
8	8000	2500	2500	1500	1500	12.73	11.50	13.56	0.00	37.79
9	10000	2500	2500	2500	2500	13.36	12.12	13.56	12.12	51.17
10	10000	2500	2500	2500	2500	13.36	12.12	13.56	12.12	51.17
11	10000	2500	2500	2500	2500	13.36	12.12	13.56	12.12	51.17
12	10000	2500	2500	2500	2500	13.36	12.12	13.56	12.12	51.17
13	7000	2500	2500	2000	0	13.36	12.12	13.56	12.12	51.17
14	8000	2500	2500	3000	0	15.32	13.44	14.21	0.00	42.97

续　表

时间 (h)	总负荷	各机组负荷(kW)				各机组流量(m³/s)				总耗水 (m³/s)
		#1	#2	#3	#4	#1	#2	#3	#4	
15	8500	2500	2500	3500	0	16.70	14.13	14.89	0.00	45.72
16	8500	2500	2500	3500	0	14.00	12.77	13.56	0.00	40.33
17	11000	2500	2500	3000	3000	14.00	12.77	13.56	0.00	40.33
18	11000	2500	2500	3000	3000	15.32	13.44	14.21	13.44	56.41
19	11000	2500	2500	3000	3000	15.32	13.44	14.21	13.44	56.41
20	11000	2500	2500	3000	3000	15.32	13.44	14.21	13.44	56.41
21	10000	2500	2500	2500	2500	15.32	13.44	14.21	13.44	56.41
22	8000	2500	2500	1500	1500	13.36	12.12	13.56	12.12	51.17
23	6000	2500	2500	1000	0	12.73	11.50	13.56	0.00	37.79
24	6000	2500	2500	1000	0	12.11	0.00	12.94	0.00	25.06
合计	197000	61000	61000	50500	30500	356.09	216.03	348.58	126.49	1047.26

从表 3-2 优化结果的研究分析可知：① 由于 #3、#4 机组在 95m 机组段水头下出力 980kW 为气蚀约束状态,故 1、2、3、4、5、6、24 时段由 #3 一台机组承担 1000kW 出力,这符合滚动时窗的确定性约束。② 从第 7—13 时段和第 22—23 时段的优化结果可知,#1 和 #2、#3 和 #4 机组由于具有相同模糊动力特性,故 #1 和 #2 机组分配负荷相同,#3 和 #4 机组分配负荷相同,这符合负荷分配的等微增率特性。③ 在第 14—17 时段,由于 #1 和 #2 机组满出力运行,#3 机组从 2000kW 不断增发到满出力,#4 机组因故障停机。从优化结果来看,相同的总出力需要更多的水量耗费,主要是增加了非最优化决策的耗水和事故停机的耗水。④ 从第 18—21 时段来看,#4 机组恢复运行后,由于增加了 #4 机组的开机耗水,使得第 18 时段的总耗水有了一定的增加。

该日实际运行是凭经验运行,实际运行耗水(w_s)为

1085.95m³/s,该日的优化效益（γ）可以采用下式进行计算：

$$\gamma = \frac{w_s - w_0}{w_s} \times 100\% = \frac{1085.95 - 1047.26}{1085.95} \times 100\% = 3.56\%$$

式中：w_0 为当日的优化耗水。

  采用相同的方法也可以对该月其他日运行的优化效益进行计算，月效益如图 3-5 所示。从图 3-5 中可以看出，该月优化效益波动于 2.4% ～ 3.7%，平均效益达 3%，因此，优化效益相对可观。从表 3-2 可知，该水电站在 2012 年 6 月 20 日的发电量为 197000 度，出厂电价为 0.43 元 / 度，则该日提升的发电效益为：197000 度 × 0.43 元 / 度 × 3.56% = 3015.68（元）。本月该水电站的发电量为 5568000 度，按平均效益提升 3% 计算，可提升月发电效益为：5568000 度 × 0.43 元 / 度 × 3% = 71827.20（元）。2012 年度该水电站的发电量为 26726400 度，按平均效益提升 3% 计算，可提升年发电效益为：26726400 度 × 0.43 元 / 度 × 3% = 344770.56（元）。对于一个小型水电站而言，能够增加发电效益 30 多万元，是一个不小的数目。

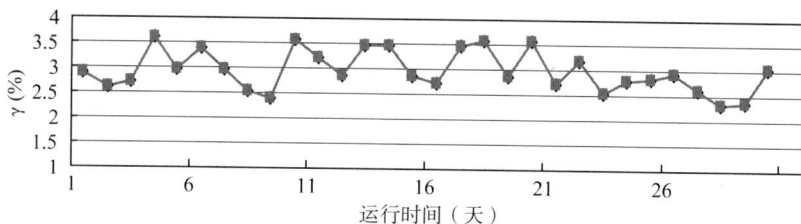

图 3-5 水电站 2012 年 6 月优化运行的效益

本章小结

  本章重点论述了水电站动态不确定优化调度模型的建立。首先，分析了动态不确定因素，揭取并表达了确定性约束和不确定性约束。其次，分析了开停机耗水，建立了空间优化数学表达和时间优化数学表达,分析了日负荷计划和建立日负荷图。再次,建立了水电站动态不确定优化调度模型及其计算机实现方法。最后,以浙江省泰顺县仙居水电站为例,分析了模型的实践应用。水电站动态不确定优化调度模型需要有特殊的求解方法进行求解,需要改变传统的优化调度算法。第4章将重点论述如何对动态规划法和遗传算法进行改进,使它们能够适应该模型的求解。

第4章　水电站动态不确定优化
调度的算法研究

4.1　引　言

　　针对水电站动态不确定优化调度模型的建立,要求解该模型并提高其优化调度的快速性和实时性,需要改进传统的优化调度算法。目前用于水电站厂内优化调度的常见算法有动态规划法、遗传算法、粒子群算法等[15]。下面将选择动态规划法和遗传算法进行改进,并对这两种算法进行比较研究,提出改进后的动态规划法和遗传算法的适用条件。

4.2　基于时空动态规划法的优化调度研究

　　水电站的厂内优化调度是在满足电能生产的安全、可靠、优质的前提下,合理地安排组织电厂设备的运行,以其获得尽可能大的经济效益。水电站的优化运行包括静态确定条件下的空间最优化[96]和动态不确定条件下的时间—空间(以下简称时空)最优化。在空间最优化的求解方法上,在确定模型条件下一般采用传统的空间动态规划法进行求解。而当水电站的最优化要受随机负荷变动影响时,由于日负荷计划是确定的,一般按小时(时段)安排,而实际负荷与计划之间总会偏离,尤其是动态不确定因素的干扰会使不确定性大大增加,在此条件下,需要改进传统的动态规划算法,以适应动态不确定优化调度的要求,本书将改进后的动态规划算法称为时空动态规划法。

4.2.1　问题的描述

空间优化是指在固定机组情况下,对某一固定负荷进行优化分配,它是一种静态确定条件下的优化调度分配方法[97—98],也是实现动态不确定条件下的时空最优化的基础。

在固定的机组段水头下,已知水电站各机组的耗水特性 $Q—P$ 曲线 $Q(P)$,现令：$Q_k(0)=Q_k^0$,它表示第 k 台机组的空载流量,k 为按序号投入运行机组台数的阶段变量。

当第 k 号机组分得负荷为 N_k 时,剩下的负荷为 P_{k-1}。

目标函数 $Q=\min\sum\limits_{k=1}^{n}Q_k(P_k)$

$$
约束条件\begin{cases}电力平衡 & P=\sum\limits_{k=1}^{n}N_k \\[2mm] 出力限制 & N_h\in S_b \\[2mm] 状态限制 & P_{k\min}\leqslant P_k\leqslant P_{k\max}\end{cases}\qquad(4-1)
$$

递推方程：

$$
\begin{cases}Q_k^*(P_k)=\min\limits_{N_k\in S_k}\{Q_k(N_k)+Q_{k-1}^*(P_k-N_k)\},k=1,2,\cdots,n \\[2mm] P_{k-1}=P_k-N_k \\[2mm] Q_0(0)=0\end{cases}
$$

$$\qquad(4-2)$$

式中：P_k 为第 1—k 号机组的总负荷；N_k 为第 k 号机组的负荷；$Q_{k-1}^*(P_k-N_k)$ 为当全厂负荷为 P_k 时,第 k 号机组分得负荷 N_k 后,余下的负荷在余下的($k-1$)台机组之间优化分配时的最小工作流量；$Q_k^*(P_k)$ 为当全厂负荷为 P_k 时,在第 1—k 台机组之间优化分配后的最小总工作流量。

4.2.2 基于空间递推的子模块优化算法

当建好上述模型后,即可以进行递推求解。递推求解分为两步:空间递推求解(子模块)和时空最优化求解(主模块),空间递推求解所得出的结果存入数据库空间优化调度总表中,可供制订日计划时参考和进一步开展时空最优化求解时调用。

递推求解流程如图4-1所示,图中i为机组$Q-P$方程中的出力;k为机组台号;P_k为电厂负荷;$N_k^*(P_k)$为当电厂负荷为P_k时第k号机组分得的最优负荷;$Q_k(i)$为当k号机组$Q-P$方程中的出力为i时的流量;$Q_k^*(P_k)$为当电厂负荷为P_k时k台机组最小总工作流量。$N_k^*(P_k)=0$表示第k号机组不带负荷,即空载或停机。

为避免全面计算比较的累赘搜索,当机组的台数较多时,可以按下式缩小N_k的选择范围,当$P_k > NS(1)$时,取N_k范围为:

$$\left[\frac{P_k}{K} - x\Delta N, \frac{P_k}{K} + x\Delta N\right]$$

式中:$NS(k)$为第k号机组容量;ΔN为P_k的步长;x满足约束条件:

$$\begin{cases} \dfrac{P_k}{K} - x\Delta N \leqslant NS[k] \\ P_k - \left(\dfrac{P_k}{K} - x\Delta N\right) \leqslant NR(k-1) \end{cases} \tag{4-3}$$

其中,$NR(k-1)$为第$1-(k-1)$台机组总容量;$NR(k-1)$为第$-(k-1)$台机组总容量;ΔN为P_k的步长;然后,进行流量的搜索、计算和比较,选出最优的$Q_k^*(P_k)$和$N_k^*(P_k)$。

当$P_k \leqslant NS(1)$时,直接计算比较k台机组$Q-P$方程中的流量$Q_m(P_k)$,其中$m=1,2,\cdots,k$,最小的为$Q_k^*(P_k)$。若$m=k$,则$N_k^*(P_k)=P_k$;若$m \neq k$,则$N_k^*(P_k)-0$。

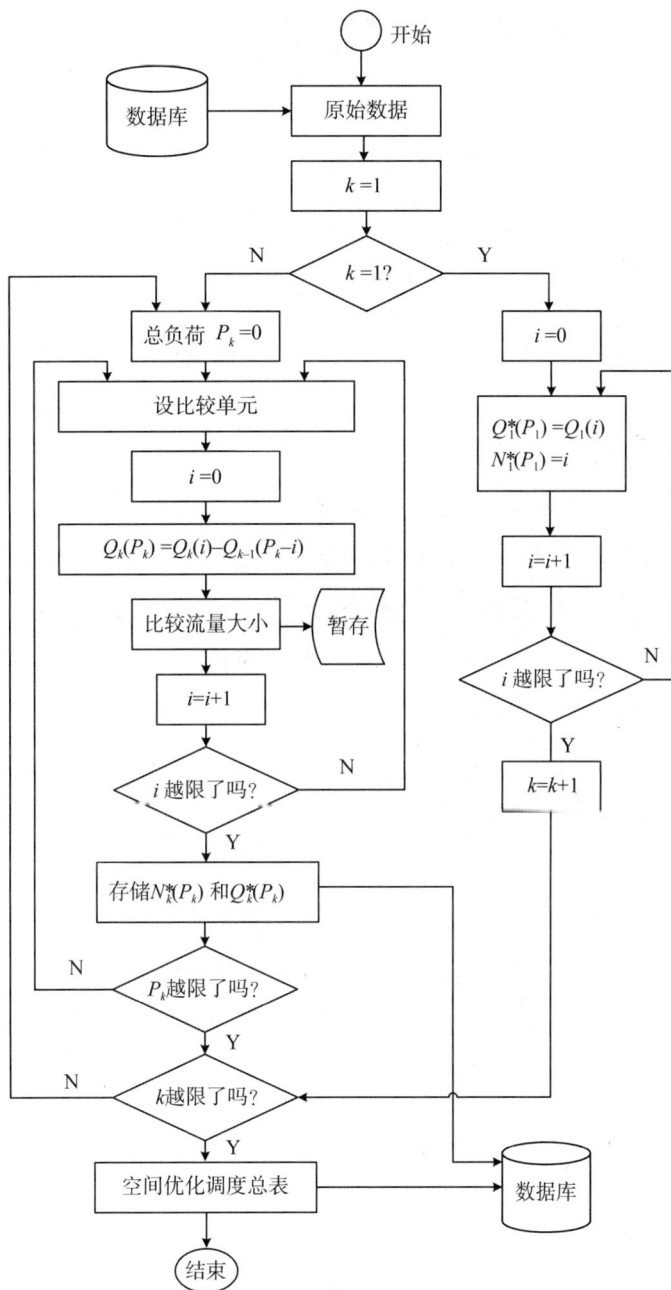

图 4-1　动态规划法空间优化递推求解流程

现将各阶段的 P_k 都计算出相应的 $Q_k^*(P_k)$ 和 $N_k^*(P_k)$ 后,将其存储到数据库的空间优化调度总表中,以便于后续调用。

4.2.3 基于时空递推的主模块优化算法

水电站担负的负荷在一天内是一个随时间而变化的过程,对不同的时段必然伴随着有开停机操作,当计算开停机的影响时,如何制定最优运行方案使一天内的总耗水量最小,参照式(3-10)的数学模型,目标函数为:

$$Q_{\min} = \int_0^{24} \left(\min\left\{ \sum_{i=1}^n \left[\int_{(j-1)T}^{jT} f(H_{di}(t), P_i(t)) \mathrm{d}t + W(i) + W_{si} \right] \right\} \right) \mathrm{d}t,$$

$$j = 1, 2, \cdots, m$$

式中:n 为机组台数;$P_i(t)$ 为第 i 台机组的出力;$H_{di}(t)$ 表示第 i 台机组在 t 时刻的机组段水头;$f(H_{di}(t), P_i(t))$ 为机组段水头 $H_{di}(t)$ 下的第 i 台机组在 t 时刻的流量;$W(i)$ 为第 i 号机组在时窗内的开停机耗水;W_{si} 为第 i 台机组的开停机设备损耗折合消耗水量。

为了简化研究,一般日负荷制订为 1h 为一个时段,把一天 24h 分为 24h 时段,数学表达式简化为:

$$Q_{\min} = \sum_{t=1}^{24} \left(\min\left\{ \sum_{i=1}^n \left[\int_t^{t+1} f(H_{di}(t), P_i(t)) \mathrm{d}t + W(i) + W_{si} \right] \right\} \right)$$

$$= \sum_{t=1}^{24} \left(\min\left\{ \sum_{i=1}^n \left[\int_t^{t+1} f(H_{di}(t), P_i(t)) \mathrm{d}t \right] + \sum_{i=1}^n \left[W(i) + W_{si} \right] \right\} \right)$$

$$(4-4)$$

令 $WF(t, A) = \sum_{i=1}^n \left[\int_t^{t+1} f(H_{di}(t), P_i(t)) \mathrm{d}t \right]$;$WZ_t = \sum_{i=1}^n [W(i) + W_{si}]$,则式(4-4)可以简化为:

$$Q_{\min} = \min \sum_{t=1}^{24} (WF(t, A) + WZ_t) \qquad (4-5)$$

式中:$WF(t, A)$ 为 t 时段 A 组合下的发电用水量;WZ_t 为从 $(t-1)$ 时段到 t 时段之间的状态转换损失(即开停机耗水和开停机设备损耗折合消耗水量之和）。令 B 为第 $(t-1)$ 时段的组合号，则从 $(t-1)$ 时段到 t 时段之间的状态转移方程为：

$$A^* = g(t, B) \qquad (4-6)$$

式（4-6）的含义为：当 $(t-1)$ 时段以第 B 号组合运行时，对于 t 时段的负荷，其最优组合号是 A^*，且负荷在第 A^* 号组合之间优化分配。

由此第 3 章的式（3-10）数学模型表达式可以简化为：

目标函数：$Q_{\min} = \min \sum_{t=1}^{24} (WF(t, A) + WZ_t) \qquad (4-7)$

约束条件如下：

功率平衡：$P = \sum_{t=1}^{24} \sum_{i=1}^{n} \left[\int_{t-1}^{t} P_i(t)\mathrm{d}t + \int_{t}^{t+1} (P_h(t) + P_s(t))\mathrm{d}t \right]$

$i = 1, 2, \cdots, n$

限制出力：$P_{\min i} \leqslant P_i(t) \leqslant P_{\max i}, i \leqslant n$

气蚀振动：$P_i(t) \in R_i = \{ H_{di1}[P_{\min 1}, P_{\max 1}] \}$

$$\bigcup \{ H_{di2}[P_{\min 2}, P_{\max 2}] \}$$

$$\bigcup \cdots \bigcup \{ H_{dim}[P_{\min m}, P_{\max m}] \}$$

式中：n 为机组台数；$P_i(t)$ 为第 i 台机组的出力；P 为某一天内各时刻电力系统的给定总负荷；$P_h(t)$ 为 t 时刻日计划负荷；$P_s(t)$ 为 t 时刻瞬时负荷；$H_{di1}[P_{\min 1}, P_{\max 1}]$ 表示 i 号机组在机组段水头为 H_{di1} 的情况下的振动出力或气蚀出力上下限；$P_{\min i}$ 为 i 号机组的最小出力；$P_{\max i}$ 为 i 号机组的最大出力。

由式（4-7）获得动态规划时空优化递推方程为：

$$\begin{cases} W^*(t, A) = \min\{ WF(t, A) + WZ(A, B) + WR^* \} \\ A = f(t, B) \\ W^*(24, A) = WF(24, B) \end{cases} \qquad (4-8)$$

式中：$W^*(t, A)$ 为 t 时段按组合号 A 运行，从 t 时段到末时段的最小总耗水量；WR^* 为 $(t-1)$ 时段按组合号 B 运行，从 $(t-1)$ 时段到末时段的最小总耗水量;$WF(t,A)$ 为 t 时段组合号 A 下的最小发电用水;$WZ(A,B)$ 为 $(t-1)$ 时段组合号 B 转移到 t 时段的组合号 A 的转换耗水量。

动态规划法时空优化递推求解流程如图 4-2 所示。

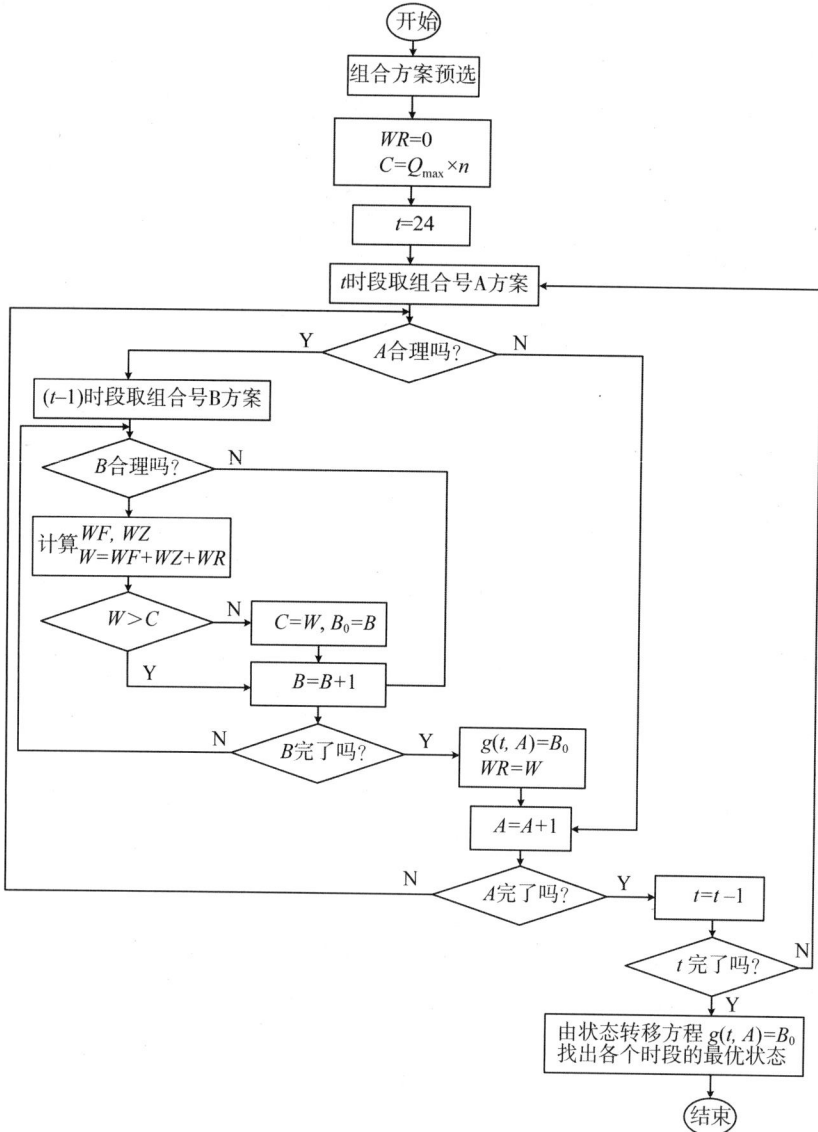

图 4-2　动态规划法时空优化递推求解流程

4.3　基于螺旋法向逼近遗传算法的优化调度研究

4.3.1　问题的描述

遗传算法(Genetic Algorithm,简称GA算法)是一种可以多点出发同时在整个空间上作快速搜索的优化算法[98—99]。首先在搜索空间上随机选取 m 基因种群或 m 个初始点产生祖先,然后计算基因种群的目标函数值,并加以比较,即评价个体优劣,再从这 m 个点中随机选取两个点(自然选择),并给较优者以更高的机会(优胜劣汰),最后利用随机选取的两个点,按照某种随机的方式,增加必要的随机干扰,生成一个新点。不断重复这一过程,直到产生 m 个新点。所产生的 m 个新的基因种群,一定比其父代的性能更加优良,则新的点会更加接近于最优解[100]。

设有一个优化问题表达式为:
$$\{\min f = f(x_1, x_2, \cdots, x_n) \,|\, a_i \leqslant x_i \leqslant b_i, i = 1, 2, \cdots, n\} \quad (4-9)$$
式中: x_i 为约束变量。编码采用二进制码,即利用长度为 l 的二进制数 $\{0,1\}^l$ 来表示一个变量 x_i 值,那么二进制量的整数值变化范围为 $0 \sim (2^l - 1)$,且一一对应于变量的变化范围 $[a_i, b_i]$,将其 $(2^l - 1)$ 等分,则等分距离为
$$\Delta x_i = (b_i - a_i)/(2^l - 1) \quad (4-10)$$

将所有变量的编码组成编码链,就完成了搜索空间上"种子"的基因编码工作。对于某一点 $X = (x_1, x_2, \cdots, x_n)^{\mathrm{T}}$ 可表示为

$$\underset{x_1}{1000110} \quad \underset{x_2}{0110011} \quad \underset{x_3}{0111100} \quad \underset{\cdots}{\cdots} \quad \underset{x_n}{1110001} \quad (4-11)$$

上述已经讨论了将式(4-9)简化为式(4-10)的数学模型,该模型是一个非线性、混合整数规划数学模型,可以分解为空间优化

和时空优化两个方面。

1. 时空优化

设 u_i 是机组 i 在 $t = 1, 2, \cdots, T$ 时段内的机组状态,即

$$u_i = (u_i^1, u_i^2, \cdots, u_i^t, \cdots, u_i^T) \qquad (4-12)$$

式中:$u_i^t = 0$ 或 $u_i^t = 1$。

又令 $l = T$ 即用 T,位串的二进制数字[101] 表示机组在时域上的开机和停机状态。若 $T = 24$ 则式(4-12)表示第 i 台机组在随后的 24h 内,每个时段的开机或停机状态。机组 i 的状态变量 u_i 的编码形式如下:

时段 $t \rightarrow 1$ 2   3 $\cdots$ $\cdots$ T

状态 $u_i^t \rightarrow 1$ 1   0 $\cdots$ $\cdots$ 1

           开 开 停 $\cdots$ $\cdots$ 开

将 n 台机组的编码连接在一起,就构成了状态变量的基因编码链,如下:

$$\underbrace{1 \ 1 \ 0 \ 1}_{\substack{i=1 \\ 1^{\#} \text{机组}}} \cdots \underbrace{0 \ 0 \ 1 \ 0}_{\substack{i=2 \\ 2^{\#} \text{机组}}} \cdots \underbrace{1 \ 1 \ 0}_{\substack{i=3 \\ 3^{\#} \text{机组}}} \ 1 \cdots \underbrace{1 \ 1 \ 1 \ \cdots \ 1}_{\substack{i=n \\ n^{\#} \text{机组}}}$$

2. 空间优化

机组出力 P_i^t 为状态变量,其中 P_i^t 满足式(4-7)的约束条件。因此,该问题的基因编码,可采用式(4-9)中 x_i 的基因编码方法。

3. 求解步骤

第一步:在搜索空间上随机选取 m 个初始点,即在主模块中为机组状态 $u_i^t, i = 1, 2, \cdots, n$,组成基因编码链。

第二步:评价个体的优劣。取其目标函数为评价函数,以水电站的日耗水量为评价标准,则遗传算法的任务就是求得式(4 7)中 Q 最小的 $u_i^{t*}, i = 1, 2, \cdots, n; t = 1, 2, \cdots, T$ 和 P_i^{t*} 的值。

第三步：按降序排列所求得的评价函数 $Q_j, j = 1, 2, \cdots, m$。

第四步：点的函数值越小，其概率赋予越大。最差的点为 $Q = 1$ 的点，其选取的机会将最小，即 P_1 最小；反之，P_m 取最大值，可求得其他点的概率为：

$$P_j = P_1 + (P_m - P_1)/(m-1) \qquad (4-13)$$

其中，$\sum\limits_{j=1}^{m} P_j = 1$。由式（4-13）可得：

$$(P_1 + P_m)m/2 = 1 \qquad (4-14)$$

因此，各点概率的平均值为 $1/m$。令 $P_m = c/m, c > 1$，即 P_m 为平均概率的 c 倍。由式（4-14）可得：

$$P_1 = (2-c)/m \qquad (4-15)$$

为使 $P_j \geqslant 0$，必须满足 $c \leqslant 2.0$。

第五步：依据 P_j，从 m 个点中随机选取两个点 A 和 B 作为双亲（两种开停计划或两个负荷分配结果）。

第六步：在基因编码的链条中，以相同的机会随机选择两个位置 k_1 和 k_2。

第七步：截取 A 中第 k_1 到 (k_2-1) 的编码，代替相同位置 B 中的编码，这样便生成一个新的点，即子代 C，如下：

双亲　　1001 | 1011110 | 001　A

　　　　1110 | 0011011 | 011　B

子代　　1110　1011110　011　C

第八步：随机按照一定的概率对新产生的点的某些字节值稍作改变，即 0 变成 1 或 1 变成 0。

第九步：重复进行第五步至第八步 m 次，实现父代的更新替换。

第十步：重复进行第二步至第九步，这样可以实现水电站时空最优化，空间优化结果也将会更加趋于合理。用水量指标将逐渐收敛,若满足精度的要求,则停止搜索[62]。

4.3.2 螺旋法向逼近遗传算法

采用标准的遗传算法进行二进制编码时,当变量的个数太多且其取值范围较大时,编码长度也将过长,这将直接导致增大搜索空间和加长计算时间,大大降低算法效率和收敛速度。为此本书提出了对变量进行实数编码,即按一定的顺序将所有待求参数排成一行作为染色体编码。由于标准遗传算法是采用适应值函数加上概率规则的方法进行群体求解,而不是沿着垂直于优化结果的方向即"法向"搜索,因此不能保证每一步搜索都能向前进化,可能导致收敛速度较慢甚至不能进化。而采用"法向"优化方法尽管容易陷入局部极值区域,却能很大程度上加快速度收敛。由于工程问题往往不需要非常精确的最值,有时只要精度符合工程要求,区域极值也可以接受。本书所述的"法向"其实质就是使目标函数值在某点产生最大的变化,为此在标准的遗传算法中构造螺旋函数来近似逼近"法向",使标准的遗传算法在进化过程中以近似垂直方向进行群体搜索,以加快其收敛速度,提高算法的计算速度,同时不影响其通用性。在此称这种算法为"螺旋法向逼近遗传算法"(Spiral-Vertical Genetic Algorithm,SVGA)。

采用 SVGA 首先需构造螺旋函数 $g(X)$,用以近似"法向"逼近求解结果。对求最小值的优化问题:$\min f(X)$,$X = [x_1, x_2, \cdots, x_n]$。

设在第 t 次迭代时,在 X^t 处产生 λ 个高斯分布随机矢量 $Z_i(i = 1, 2, \cdots, \lambda)$,且该矢量服从均值为 0、标准方差为 $\sigma_t/n^{0.5}$。

令 $T_i = X^t + Z_i$,定义:

$$G(X^t) = \sum_{i=1}^{\lambda} (f(T_i) - f(X^t))(T_i - X^t) \qquad (4-16)$$

$$g(X^t) = \frac{G(X^t)}{\|G(X^t)\|} \qquad (4-17)$$

称 $g(X^t)$ 为函数 $f(X)$ 在点 X^t 的螺旋法向逼近函数。

1. SVGA 编码方法

SVGA 的个体编码采用 $s = [X, g(X)]$ 函数，其中 s 表示 SVGA 群体中的个体，其中 X 是由待优化的变量实际值组成的矢量，$g(X)$ 为螺旋函数。这种由矢量值和螺旋函数组成的二维个体编码方法（简称 SVGA 编码方法），既减少了因为基因的编解码所耗费的时间，又避免了求解精度与编码长度之间的矛盾，而且 $g(X)$ 的计算很简单。在基因编码中引入了 $g(X)$ 螺旋函数，正是要将当前个体或群体中有利于进化的趋势继续保留并加强，同时记录了当前个体在其父代个体进化而来时的变化方向，而该方向正是使问题进一步优化求解的方向。在编码中保留适应值函数变化趋势的信息，可在遗传算子中加以利用以提高算法的效率。在基因编码时必须详细考虑采用了哪些参数进行编码，其考虑原则是编码须在编码和目标函数之间传递信息有效。针对本书式（4-8）的动态不确定数学模型，X 可取为每台机组在 t 时刻的出力 $P_i^t (i = 1, 2, \cdots, n)$，即将所有 P_i^t 按顺序连接，重新组成一个新的染色体基因链，每个基因都对应于水电站一台机组组合及组合间的负荷分配方案。

2. SVGA 杂交与精英选择

SVGA 杂交只需在个体编码的参数段上进行，杂交的父代个体，采用随机方法从匹配集中成对选取。假设从第 t 代群体的匹配集中已选择好待杂交的两个父代个体分别为：$s_v^t = \{v_1, v_2, \cdots, v_n\}$ 和 $s_w^t = \{w_1, w_2, \cdots, w_n\}$，则子代个体的参数由父代个体的参数加权和产生，即：

$$s_v^{t+1} = \alpha s_v^t + (1-\alpha) s_w^t \qquad (4-18)$$

$$s_w^{t+1} = \alpha s_w^t + (1-\alpha)s_v^t \qquad (4-19)$$

式中：α 为动量因子，在 $0 \sim 1$ 间取值。

为保证优良个体不会丢失，加快收敛速度，SVGA 采用精英选择策略，即当由父代群体中的 m 个个体生成 $2m$ 个子代个体后，对这 $2m$ 个子代个体先进行排序，选择排在前面的 m 个精英个体作为新一代群体，这样可有效避免群体的早熟。

3. SVGA 变异

SVGA 变异与标准的 SVGA 有很大的不同。首先，变异不再是在个体的每一位上进行，而是以参数为单位进行；其次，SVGA 变异不是简单地改变编码位置上的数值，而是通过一种特定的运算得到被变异的参数新值。实数编码的特点为杂交点只能选在各参数之间，因此单靠杂交不能给群体引进新的参数值，所以应该对变异的作用进行加强，提高变异率。在具体的变异操作时，其规则按以下公式进行：

$$\sigma^{t-1} = \begin{cases} \sigma^t \zeta & f[X^t - (\sigma^t \zeta g(X^t)] \leqslant f[X^t - (\sigma^t/\zeta)g(X^t)] \\ \sigma^t/\zeta & \text{其他} \end{cases} \qquad (4-20)$$

$$\Delta X^{t-1} = -\sigma^{t+1}g(X^t) + \alpha \Delta X^t \qquad (4-21)$$

$$X^{t+1} = X^t + \Delta X^{t+1} \qquad (4-22)$$

式中：X^t 为第 t 个个体中待优化的参数；$g(X^t)$ 为适应值函数在点 X^t 的螺旋法向逼近函数；ζ 为权系数，ζ 取 $1.5 \sim 2$；α 为动量因子，通常在 $0 \sim 1$ 间取值；对每一个个体 s_i^t 进行变异后可得到一个新的个体 s_i^{t+1}。

4. 惩罚函数和适应值函数

适应值是遗传算法不断收敛的关键数据，适应值越大的个体其下一代出现的概率就越大，因此适应值函数在评价群体中起到关键作用。由于在 SVGA 中，待优化变量 P_i^t 的取值自动满足其定义域,所以对动态不确定约束条件采用惩罚函数的方法来处理。这样可将具有不确定约束条件的优化问题转化为确定性约束优化问题,对动态不确定约束条件处理后,式(4-7)可转化为:

$$\min Q = \min \sum_{t=1}^{24} (WF(t,A) + WZ_t) + \sigma C(t) \quad (4-23)$$

$$C(t) = \left| P(t) - \sum_{i=1}^{n} P_i(t) \right| \quad (4-24)$$

式中:σ 为惩罚因子;$C(t)$ 为惩罚函数。在进化中选取惩罚函数很关键。如果惩罚函数选取过大,可能会使算法过早地收敛在非极值点;而选取过小,又可能使算法的收敛性能变差。一般惩罚因子可以取为 $\sigma = 1/T^t$,$T^{t+1} = \alpha T^t$。当 T 逐渐下降,即 σ 逐渐增大,随着进化不断地进行,惩罚因子 σ 逐步增大,以保证约束条件得到满足。

针对上述目标函数,构造适应值函数:

$$F(Q) = Q_{\max} - Q + K(Q_{\max} - Q_{\min}) \quad (4-25)$$

式中:$Q_{\max}$、$Q_{\min}$ 分别为当前群体中目标函数的最大值和最小值;K 为自定义参数,通常在 $0.0 \sim 0.1$。

5. 收敛准则

收敛准则可以采用下列公式:

$$\left| \left[F(x+1) - F(x) \right] / F(x) \right| \leqslant \varepsilon \quad (4-26)$$

式中:x 表示迭代次数;ε 表示设定的收敛阈值;$F(x+1)$ 和 $F(x)$ 分别表示替代 $(x+1)$ 次和 x 次时的适应值。

4.3.3　螺旋法向逼近遗传算法求解程序

螺旋法向逼近遗传算法的计算机计算程序如图 4-3 所示。

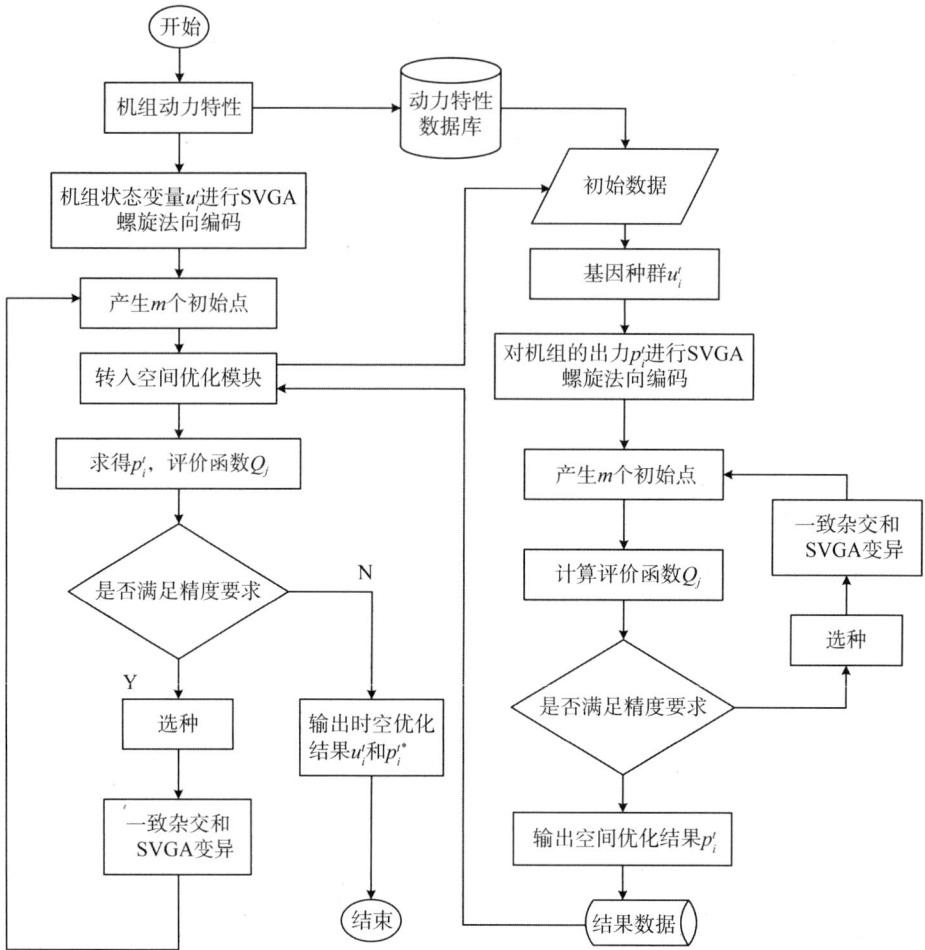

图 4-3 螺旋法向逼近遗传算法的计算机计算程序

4.4 应用实例分析

4.4.1 动力特性分析

本书以刘家峡水电站为仿真实例进行优化方法的分析与比较。刘家峡水电站位于甘肃省永靖县境内的黄河干流,整个水电站装有 5 台混流式机组,♯1 和 ♯3 机组额定出力为 260MW,♯2

和 ♯4 机组额定出力为 255MW，♯5 机组额定出力为 320MW。取
该水电站某年 10 月份的运行数据作为研究分析对象，随机抽取
该月某天（如 21 日）进行分析，将该日划为 24 个时段，已知该日
第 1—8 时段 ♯4 机组在检修状态，第 9 时段起 5 台机组全部可投
入运行，取水电站的 70m、80m、90m、100m、114m 5 个典型水头，
绘制 $Q = f(P,H)$ 动力特性曲线，各台机组的流量出力特性曲线
参见图 4-4，由图可知 ♯5 机组在该日水头下有振区，振区为 0～
100MW。由于该日的机组段水头为 95.3m，该值由 90m 和 100m
进行样条插值获取。图 4-4(c) 中虚线部分为 5 号机组的振区。

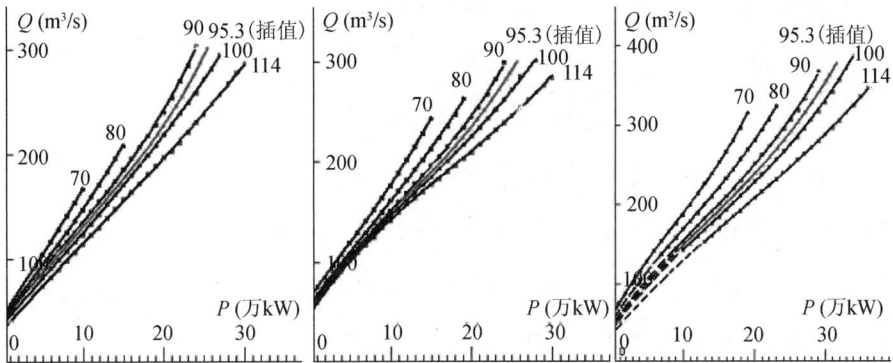

图 4-4　刘家峡水电站各台机组流量出力动力特性曲线

♯1～♯4 机组的动力特性方程获取相对简单，而 ♯5 机组有
振区，采用动力特性优化存储策略，具体获取与绘制方法参见 2.7
小节。♯1～♯4 机组的典型动力特性方程和插值动力特性方程获
取后全部存储在数据库中，同时启动实时修正策略。

♯1 和 ♯3 机组的典型动力特性方程：

$$Q_1 = f(70,P) = 0.0113P^3 - 0.1022P^2 + 12.2062P + 44.0066$$

$$Q_2 = f(80,P) = 0.0080P^3 - 0.0832P^2 + 10.5542P + 42.1475$$

$$Q_3 = f(90,P) = 0.0090P^3 - 0.2157P^2 + 10.9377P + 37.9813$$

$$Q_4 = f(100,P) = 0.0024P^3 - 0.0485P^2 + 9.1081P + 36.2421$$

$$Q_5 = f(114,P) = 0.0017P^3 - 0.0612P^2 + 8.7977P + 30.8031$$

机组段水头为95.3m时,插值函数为:

$$Q_{c1} = Q_{c3} = f(95.3, P) = 0.0056P^3 - 0.1245P^2 +$$
$$10.0133P + 37.1189$$

♯2和♯4机组的典型动力特性方程:

$$Q_1 = f(70, P) = 0.0046P^3 - 0.008P^2 + 11.7831P + 59.3122$$

$$Q_2 = f(80, P) = 0.0052P^3 - 0.1165P^2 + 12.4575P + 39.4996$$

$$Q_3 = f(90, P) = 0.0093P^3 - 0.2643P^2 + 12.5361P + 34.5197$$

$$Q_4 = f(100, P) = 0.0041P^3 - 0.1432P^2 + 10.9733P + 34.3155$$

$$Q_5 = f(114, P) = 0.0023P^3 - 0.1102P^2 + 10.0040P + 33.2647$$

机组段水头为95.3m时,插值函数为:

$$Q_{c2} = Q_{c4} = f(95.3, P)$$
$$= 0.0028P^3 - 0.2137P^2 + 11.7567P + 34.4187$$

♯5机组的典型动力特性方程:

$$Q_1 = f(70, P) = 0.0184P^3 - 0.4884P^2 + 16.1966P + 57.0791$$

$$Q_2 = f(80, P) = 0.0100P^3 - 0.3258P^2 + 14.0010P + 51.0534$$

$$Q_3 = f(90, P) = 0.0078P^3 - 0.2958P^2 + 13.0162P + 45.6417$$

$$Q_4 = f(100, P) = 0.0059P^3 - 0.2604P^2 + 12.2243P + 40.3690$$

$$Q_5 = f(114, P) = 0.0028P^3 - 0.1594P^2 + 10.7257P + 34.7990$$

机组段水头为95.3m时,插值函数为:

$$Q_{c5} = f(95.3, P) = 0.0069P^3 - 0.28270P^2 + 12.7270P + 43.0187$$

4.4.2 动态不确定优化调度模型

该日的动态不确定因素有:① 第1—8时段 ♯4机组在检修状态;② ♯5机组0～100MW为振区;③ 计划日负荷特性有突变,如图4-5所示。第6—8时段计划负荷为50万kW,分别突变为70万、90万、80万kW;第14—15时段,计划负荷85万kW,分别突变为90万、95万kW。

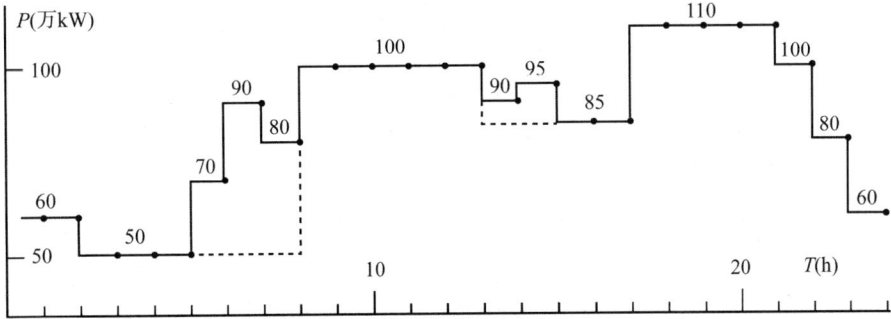

图 4 - 5　刘家峡水电站日负荷

按照以上动态不确定因素,参照式(3 - 10),由刘家峡水电站动力特性分析可知,$H_{d1}(t) = H_{d2}(t) = H_{d3}(t) = H_{d4}(t) = H_{d5}(t) = 93.5\text{m}, n = 5, m = 24, v = 4, t = 8, T = 1, R_5 = [0, 100], 0 \leqslant P_1(t) \leqslant 260, 0 \leqslant P_2(t) \leqslant 255, 0 \leqslant P_3(t) \leqslant 260, 0 \leqslant P_4(t) \leqslant 255, 0 \leqslant P_5(t) \leqslant 320, W_{\text{on1}} = 37\text{m}^3/\text{s}, W_{\text{on2}} = 36.5\text{m}^3/\text{s}, W_{\text{on3}} = 49.5\text{m}^3/\text{s}, W_{\text{on4}} = 36.5\text{m}^3/\text{s}, W_{\text{on5}} = 43.5\text{m}^3/\text{s}, W_{\text{off1}} = 37.5\text{m}^3/\text{s}, W_{\text{off2}} = 36\text{m}^3/\text{s}, W_{\text{off3}} = 48.5\text{m}^3/\text{s}, W_{\text{off4}} = 37\text{m}^3/\text{s}, W_{\text{off5}} = 36\text{m}^3/\text{s}$。查询开停机设备损耗折合耗水量曲线有,$W_{s1} = 3.2\text{m}^3/\text{s}, W_{s2} = 3.6\text{m}^3/\text{s}, W_{s3} = 2.9\text{m}^3/\text{s}, W_{s4} = 3.2\text{m}^3/\text{s}, W_{s5} = 4.2\text{m}^3/\text{s}$,从而建立动态不确定优化调度模型:

目标函数:$Q_{\min} = \int_0^{24} \left(\min\left\{ \sum_{i=1}^{5} \left[\int_{(j-1)}^{j} Q_{di}(P_i(t))\mathrm{d}t + W(i) + W_{si} \right] \right\} \right)\mathrm{d}t,$

$$j = 1, 2, \cdots, 24$$

开停机耗水量:$W(1) = 77.7, W(2) = 76.1, W(3) = 77.7,$

$$W(4) = 100.9, W(5) = 83.7$$

检修计划瞬变:$W_{si} = W_{\text{off}} + \sum_{i=1}^{5} \int_8^{24} f(H_{di}(t), P_i(t))\mathrm{d}t +$

$$\sum_{i=1, i \neq 4}^{5} \int_0^8 f(H_{di}(t), P_i(t))\mathrm{d}t$$

日负荷瞬变：$P = \int_0^{24} \left(\sum_{i=1}^{5} \int_{(j-1)}^{j} Q_{ci}(P_i(t))\mathrm{d}t + \int_j^{(j+1)} (P_h(t) + P_s(t))\mathrm{d}t \right) \mathrm{d}t$,

$$j = 1, 2, \cdots, 24$$

振动区域：$P_5(t) \in R_5 = [0, 100]$

各台机组出力限制：$0 \leqslant P_1(t) \leqslant 260, 0 \leqslant P_2(t) \leqslant 255, 0 \leqslant$
$P_3(t) \leqslant 260, 0 \leqslant P_4(t) \leqslant 255, 0 \leqslant P_5(t)$
$\leqslant 320$

式中：$P_i(t)$ 为第 i 台机组在 t 时刻的出力；$W(i)$ 为第 i 号机组的开停机耗水；W_{si} 为检修计划改变引起的耗水；P 为某一天内各时刻电力系统的给定总负荷；$P_h(t)$ 为 t 时刻日计划负荷；$P_s(t)$ 为 t 时刻瞬时负荷。

4.4.3　时空动态规划法求解

对前面所建立的动态不确定模型，采用时空动态规划法进行求解，求解递推方法参见 4.3 节。本书已将求解递推方法编译为计算机软件（具体技术参见第 6 章），表 4-1 是用改进动态规划法对刘家峡水电站某日的日负荷最优分配的结果。表中负荷单位为 MW，表中给定负荷相同的给予合并，如时段栏中 1、2、24 表示第 1、2、24 时段的给定负荷相同。

由表 4-1 可以看出，经过时空动态规划法分配后的日耗水量为 $27499.95 \times 3600\mathrm{m}^3$。而刘家峡水电站当日实际耗水量为 $28114.96 \times 3600\mathrm{m}^3$。时空动态规划法优化运行的效益，可用下式进行计算：

$$\gamma = \frac{w_s - w_0}{w_s} \times 100\% \qquad (4-27)$$

式中：w_s 为实际运行耗水量；w_0 为日优化运行的耗水量。

由式（4-27）计算得 $\gamma = 2.187\%$。

表 4 - 1 刘家峡水电站某日时空动态规划最优分配

时段 (h)	总负荷 (WM)	各台机组的分配负荷(MW)					各台机组的耗水量(m³/s)					总耗水量 (m³/s)	优化分配时间(s)
		#1机	#2机	#3机	#4机	#5机	#1机	#2机	#3机	#4机	#5机		
1	600	190	停机	200	停机	210	242.258	0	258.854	0	276.391	777.503	0.366747
2	600	190	停机	200	停机	210	242.258	0	258.854	0	276.391	777.503	0.366747
3	500	260	停机	240	停机	停机	334.094	0	312.053	0	0	646.147	0.304786
4	500	260	停机	240	停机	停机	334.094	0	312.053	0	0	646.147	0.304786
5	500	260	停机	240	停机	停机	334.094	0	312.053	0	0	646.147	0.304786
6	700	240	停机	220	停机	240	306.404	0	284.23	0	315.301	905.935	0.427328
7	900	240	200	220	停机	240	306.404	268.74	284.23	0	315.301	1174.675	0.554092
8	800	200	170	210	停机	220	254.554	229.982	271.26	0	288.797	1044.593	0.492733
9	1000	210	180	210	180	220	267.105	242.48	271.26	242.48	288.797	1312.122	0.618925
10	1000	210	180	210	180	220	267.105	242.48	271.26	242.48	288.797	1312.122	0.618925
11	1000	210	180	210	180	220	267.105	242.48	271.26	242.48	288.797	1312.122	0.618925
12	1000	210	180	210	180	220	267.105	242.48	271.26	242.48	288.797	1312.122	0.618925
13	1000	210	180	210	180	220	267.105	242.48	271.26	242.48	288.797	1312.122	0.618925

续 表

时段(h)	总负荷(WM)	各台机组的分配负荷(MW)					各台机组的耗水量(m³/s)					总耗水量(m³/s)	优化分配时间(s)
		#1机	#2机	#3机	#4机	#5机	#1机	#2机	#3机	#4机	#5机		
14	900	240	200	220	停机	240	306.404	268.74	284.23	0	315.301	1174.675	0.554092
15	950	260	210	230	停机	250	334.094	282.59	297.811	0	329.505	1244	0.586792
16	850	220	190	210	停机	230	279.923	255.384	271.26	0	301.75	1108.317	0.522791
17	850	220	190	210	停机	230	279.923	255.384	271.26	0	301.75	1108.317	0.522791
18	1100	240	200	220	200	240	306.404	268.74	284.23	268.74	315.301	1443.415	0.680856
19	1100	240	200	220	200	240	306.404	268.74	284.23	268.74	315.301	1443.415	0.680856
20	1100	240	200	220	200	240	306.404	268.74	284.23	268.74	315.301	1443.415	0.680856
21	1100	240	200	220	200	240	306.404	268.74	284.23	268.74	315.301	1443.415	0.680856
22	1000	210	180	210	180	220	267.105	242.48	271.26	242.48	288.797	1312.122	0.618925
23	800	200	170	210	停机	220	254.554	229.982	271.26	0	288.797	1044.593	0.492733
24	600	190	停机	200	停机	210	242.258	0	258.854	0	276.391	777.503	0.366747
合计	21050	5580	3210	5390	1880	4990	6558.508	5274.668	8818.643	3088.154	8558.789	27499.95	12.60493

把各日的优化运行效益在图中标出,就可得到该月的时空优化运行效益图(见图 4-6)。由图可知,日优化效益都在 1% 以上,最高可达 3%,且多数在 2% 左右波动,经过计算月平均效益 $\overline{\gamma} = 2.12\%$。

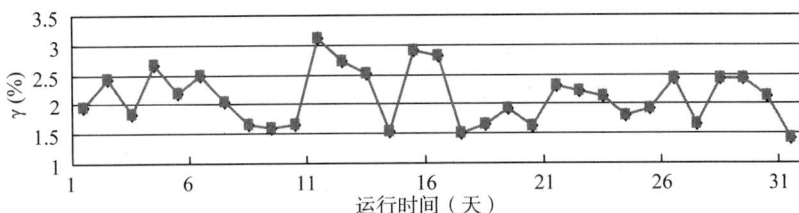

图 4-6　刘家峡水电站该月时空动态规划法优化运行的效益

在计算机计算过程中,避开振动区域的方法和机组检修处理方法相似,采用流量来惩罚,当检测到负荷进行某台机组的振动区域时,就给该负荷对应的流量加上惩罚流量为 $Q = 10^6 \mathrm{m}^3/\mathrm{s}$。显然,这个惩罚流量远远大于该负荷对应的流量,依据耗水最小的最优化原则,该机组在此负荷下就停运,于是就达到了避开振动区域的目的。

4.4.4　螺旋法向逼近遗传算法求解

采用 SVGA 算法对其进行最优分配,经过软件调试,取 $m = 40$,$\zeta = 1.82$,$\alpha = 0.6$,$k = 0.05$,$\varepsilon = 0.001$,编码精度保留一位小数,分配结果如表 4-2 所示。

用 SVGA 算法进行有功负荷分配时避开振动区域的方法与动态规划法相似,也是对流量进行惩罚。如检测到 P_i 在振动区域内,其惩罚函数 $C(t)$ 的目标值会远远大于其他母体 $C(t)$ 的目标值。这样,该母体的优良度 α 会趋于 0,在选种时会成为淘汰者。所以,该母体不可能成为最佳母体,于是就达到了避开振动区域的目的。

由表 4-2 可以看出,经过 SVGA 算法分配后的日耗水量为

表 4-2　刘家峡水电站某日 SVGA 算法最优分配表

时段(h)	总负荷(WM)	各台机组的分配负荷(MW)					各台机组的耗水量(m³/s)					总耗水量(m³/s)	优化分配时间(s)
		#1机	#2机	#3机	#4机	#5机	#1机	#2机	#3机	#4机	#5机		
1	60	停机	17	21	停机	22	0	229.982	271.26	0	288.797	790.039	0.163909
2	60	停机	17	21.7	停机	22	0	229.982	280.277	0	288.797	799.056	0.165779
3	50	停机	停机	23.3	停机	26	0	0	302.012	0	344.415	646.427	0.134113
4	50	停机	停机	24	停机	26	0	0	312.053	0	344.415	656.468	0.136197
5	50	停机	停机	24	停机	26	0	0	312.053	0	344.415	656.468	0.136197
6	70	停机	21	24	停机	25	0	282.59	312.053	0	329.505	924.148	0.191732
7	90	20.2	21	23	停机	25	271.469	282.59	297.811	0	329.505	1181.375	0.245099
8	80	18	19	21	停机	22	242.48	255.384	271.26	0	288.797	1057.921	0.219486
9	100	24	23.4	25.7	停机	27	306.404	318.117	337.921	0	360.082	1343.675	0.278771
10	100	24	24.6	25	停机	27	306.404	337.236	327.006	0	360.082	1351.879	0.280473
11	100	24	24	25	停机	27	306.404	327.555	327.006	0	360.082	1342.198	0.278464
12	100	24	23.4	25.7	停机	27	306.404	318.117	337.921	0	360.082	1343.675	0.278771
13	100	24	24	25.7	停机	27	306.404	327.555	337.921	0	360.082	1353.113	0.280729

续　表

时段(h)	总负荷(WM)	各台机组的分配负荷(MW)					各台机组的耗水量(m³/s)					总耗水量(m³/s)	优化分配时间(s)
		#1机	#2机	#3机	#4机	#5机	#1机	#2机	#3机	#4机	#5机		
14	90	21	20.4	23	停机	25	286.139	274.218	297.811	0	329.505	1184.124	0.245669
15	95	22.8	22	24.3	停机	25	308.91	296.98	316.462	0	344.415	1266.767	0.262815
16	85	20	19.4	22	停机	23	268.74	260.67	284.23	0	301.75	1115.39	0.231409
17	85	20.8	19.4	22	停机	23	279.779	260.67	284.23	0	301.75	1126.429	0.233699
18	110	24	20	22.3	19.6	24	306.404	268.74	288.238	263.341	315.301	1442.024	0.299175
19	110	24.1	19.8	22	20	24	307.759	266.03	284.23	268.74	315.301	1442.06	0.299183
20	110	24	19.8	22.3	20	24	306.404	266.03	288.238	268.74	315.301	1444.713	0.299733
21	110	24	20	22	20	24	306.404	268.74	284.23	268.74	315.301	1443.415	0.299464
22	100	20.9	18	21.3	18	22	265.839	242.48	275.09	242.48	288.797	1314.686	0.272756
23	80	19.9	17.2	21	停机	22	253.314	232.451	271.26	0	288.797	1045.822	0.216976
24	60	18.9	停机	20	停机	21	241.042	0	258.854	0	276.391	776.287	0.161055
合计	2105	557.8	321	539.6	188	499	7119.668	4320.016	6979.825	2529.551	6556.051	27505.11	5.611651

27505.11×3600m³。而刘家峡水电站当日实际耗水量为28114.96×3600m³。遗传算法优化运行的效益，同理可以采用式(4-27)进行计算，可得 $\gamma = 2.169\%$。同理，可以计算该月的其他各日的日负荷最优负荷分配结果，进而得到各日的 SVGA 算法优化运行效益。该月的 SVGA 算法优化运行效益图(见图4-7)，经计算平均优化效益达 2.032%。由图可知，日优化效益都在 1% 以上，最高可达 3.1%，且多数在 2% 左右波动。

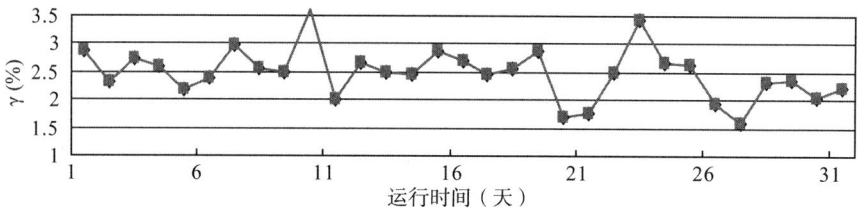

图4-7　刘家峡水电站该月遗传算法优化运行的效益

4.4.5　两种方法的比较

1. SVGA 算法比时空动态规划法占有更少的存储空间

采用时空动态规划法对刘家峡水电站某日水头为 95.3m 的日运行进行有功负荷分配，精确到 1MW 时，共离散了 1480 个点。这些状态变量离散点存储在计算机内存中占用了计算机的内存。而用 SVGA 算法不用离散流量特性曲线方程，即不必存储这些离散点，从而大大减少了计算机内存占有率。

2. SVGA 算法比时空动态规划法的优化分配速度快

用 SVGA 算法能使刘家峡水电站负荷分配精确到 0.1MW，此时子模块中基因码链的长度为 $\sum_{i=1}^{5} l_i = 9+9+9+9+9 = 45$。计算速度比精确到 1MW 时稍慢一点，但仍能达到实时性要求。参照表4-1和表4-2最后一列的比较可知，SVGA 算法精确到 0.1MW 时比时空优化动态规划法精确到 1MW 时的速度还要

快。但如果用时空动态规划法对刘家峡水电站负荷分配也精确到
0.1MW，即离散点增加 10 倍，水头为 95.3m 时就需离散 14800 个
点，运行的循环次数增加 50 倍，运行速度将会降低很多，实时性
将会很差。

3. SVGA 算法比时空动态规划法的计算机实现更简单

SVGA 算法能同时在时间上和空间上进行优化计算，由于遗
传算法自身的特点，使得其计算机编程简单，不必划分阶段和建
立状态转移方程，不用离散流量特性曲线方程，因此编程时程序
编制量少，计算速度较快，能较好地满足电厂经济运行实时性的
要求，所以建议刘家峡水电站改用遗传算法进行电站有功负荷
分配。

在实际运行中，虽然 SVGA 算法比时空动态规划法具有占内
存少、实时性好、编程简单等优势，但其缺点也有许多，主要体现在
以下几个方面：

（1）惩罚因子 σ 选择要恰当。由惩罚函数 $C(t)$ 的计算公式可以
看出，σ 的选取对 $F(Q)$ 值是有影响的，即不同的 σ 选取方法会影响
SVGA 算法的收敛速度。由相关公式可以看出，惩罚因子 σ 是惩罚
假设的运行负荷与给定负荷的偏离程度，如果惩罚因子 σ 选取过
小，就会导致不满足约束条件 $P = \sum_{i=1}^{5} P_i$。因此，科学地选取惩罚因
子 σ 是相当重要的。本书的程序在刘家峡水电站案例中经过多次调
试，得出选取惩罚因子 σ 的方案：① 当 P_i 大于第 i 台机组负荷在振
动区域或在最大出力限制时，则 σ 选 $4000 \sim 6000$；② 当该机组的
P_i 在效率区外时，σ 选取 $400 \sim 600$；③ 正常情况下 $\sigma = 100 \sim 200$。
用这样的选取方案，能得到比较满意的最优分配结果。

（2）早熟问题需合理处置。SVGA 算法充分体现了随机性，但
这也带来了种子的早熟问题。种子早熟就是在编码还没达到最优

时,就已经满足了收敛的准则。进行 SVGA 算法时,本次迭代产生的最优母体和上一次迭代产生的最优母体是相同的。本书采用剔除优良性较差的母体,并以相等数量代替优良度高的母体,因而在母体群中同时出现两个优良度最大的母体具有极大的可能性,而在变异、杂交过程中,两种 SVGA 运算能同时随机取到这两个母体具有极小可能性,于是出现上一次迭代产生的母体和本次迭代产生的最优母体的情况基本相同。早熟问题极易发生在迭代初期或末期,因此可采取控制迭代次数 x 的方法来控制早熟问题。在刘家峡水电站的案例中,采用了以下策略:① 如果在迭代次数 x 小于 10 次时,就出现了 $|[\alpha(x+1)-\alpha(x)]/\alpha(x)| \leqslant \varepsilon$ 的情况,则继续进行 SVGA 运算,直到再出现满足精度的情况为止;② 对于末期即迭代次数 x 大于 10 次出现早熟现象,则继续进行遗传运算,直到迭代次数到 $x = 150$ 次为止。如图 4-8 所示是刘家峡水电站在 95.3m 水头,给定负荷为 1100MW 时的 SVGA 算法收敛。收敛图的纵坐标是 $\beta_{\min}/10^6$。

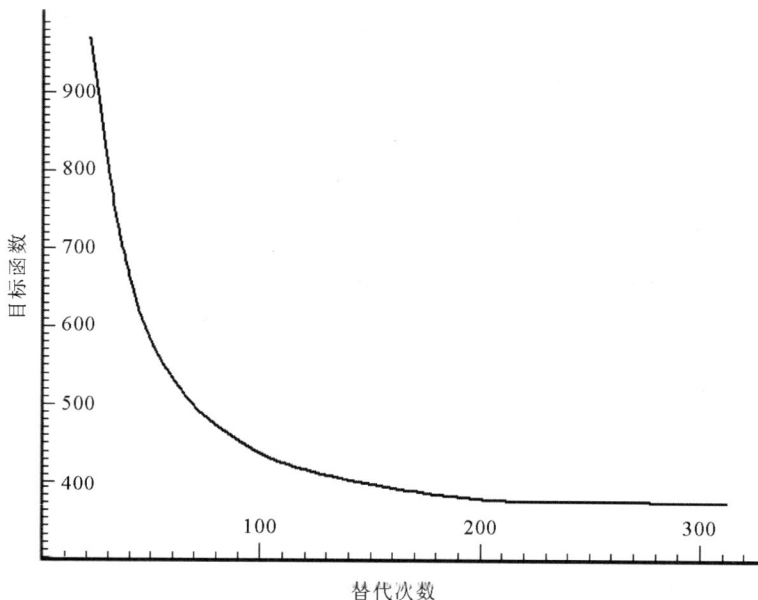

图 4-8 刘家峡水电站 1100MW 时的 SVGA 算法收敛

（3）各种参数需要合理选取。$m,\zeta,\alpha,k,\varepsilon$ 选取对实时性、收敛速度及最优解都有一定的影响。因此，合理地选取 $m,\zeta,\alpha,k,\varepsilon$ 的值也是很重要的。当母体的数目 m 过小时，可能导致最优解的不稳定性，而当 m 过大时，则运算速度变慢，可能实时性的要求达不到。动量因子 α 和权系数 ζ 的大小选择对精英选择和 SVGA 杂交具有较大的影响，不合理的选择将导致出现早熟现象或收敛速度过慢。而精度 ε 过小也可能导致收敛速度过慢，而过大则会导致早熟现象以及最优解不稳定。笔者经过反复程序调试，发现刘家峡水电站采用 SVGA 算法时设置参数 $m=40,\zeta=1.82,\alpha=0.6,k=0.05,\varepsilon=0.001$ 时，能取得比较满意的结果。

本章小结

本章重点论述了对水电站动态不确定优化调度模型如何进行求解的问题。在算法上论述了两种算法，即时空动态规划法和螺旋法向逼近遗传算法，并对两种方法进行实例比较与分析，指出两种算法的优缺点及应用过程中需要注意的问题。

上述重点论述了普通水电站如何建立动态不确定优化调度模型及其求解方法。第 5 章将重点论述一种特殊的水电站即抽水蓄能电站如何建立动态不确定优化调度模型及其求解。

第 5 章　抽水蓄能电站动态不确定优化调度研究

5.1　引　言

前面论述了一般普通的水电站厂内优化调度的动态不确定模型及其算法求解问题,而未研究抽水蓄能电站的厂内优化调度问题。抽水蓄能电站在电网中具有举足轻重的作用,在电力系统中作用主要与抽水蓄能电站的规模、电网中电能比重以及在电网中的重要程度等有关。本章将重点论述复杂大电力系统中抽水蓄能电站的厂内优化调度。

通常由常规的水力发电站、火力发电站以及抽水蓄能电站构成一个复杂大电力系统[105]。这三种类型的发电站在大电力系统中发挥着各自的作用,并相互配合进行着短期负荷的优化调度与经济运行。目前对优化算法研究比较多的是单独火、水或抽水蓄能电站,如动态规划法、遗传算法、粒子群算法等,而很少研究由多种发电类型组成的混合机组之间的短期负荷优化调度方法,其原因主要是混合机组的动力特性相对复杂、运行工况比较多变、约束条件繁多等,使得单一优化算法达不到理想的效果。

5.2　抽水蓄能电站动态不确定优化调度模型

抽水蓄能电站动态不确定优化调度模型与常规水电站动态不

确定优化调度模型的主要区别在于：① 在目标函数上，由于抽水蓄能电站是配合火电站或大电力系统运行的，其目标一般采用运行费用最小原则，而不是耗水率最少原则。② 与一般水电站相比，抽水蓄能电站具有上、下两个水库，运行工况有发电和抽水两个工况。③ 约束条件相对一般普通水电站要复杂，除了需要考虑一般普通水电站的约束条件之外，还需要考虑与火电站、大电力系统的配合约束。

5.2.1　目标函数

采用运行费用最小原则，抽水蓄能电站运行方式优化的目标是在一个日调度期内电力系统的运行费用最小[106]，其公式如下：

$$S = \min_{\{p_{ss}(t)\}} \sum_{t=1}^{T} (F_t + R_t) \qquad (5-1)$$

式中：S 为系统日运行费；F_t 为第 t 时段系统的固定运行费；R_t 为 t 时段系统的燃料费；T 为调度周期时段数；$P_{ss}(t)$ 为第 t 时段抽水蓄能电站的总出力。

将式（5-1）去除抽水蓄能电站的动态效益，将动态效益的有机相加简化为简单相加，则为：

$$S_1 = S - S_D = \min_{\{p_{ps}(t)\}} \left[\sum_{t=1}^{T} (F_t + R_t) - S_D \right] \qquad (5-2)$$

式中：S_D 为抽水蓄能电站的动态效益。

但在实际的计算中，要对上述数学模型优化，使之变成可解的，这里将固定运行费用和动态效益作为一个常数值 F，其数学模型改变为：

$$S_1 = \min_{\{p_{ps}(t)\}} \sum_{t=1}^{T} R_t + F \qquad (5-3)$$

式中：F 为固定运行费用和动态效益的代数和。

5.2.2 约束条件

1. 抽水蓄能电站基本约束

（1）上库水位 Z 和蓄水量 S_1 的确定性约束：

$$Z_{\min} \leqslant Z(t) \leqslant Z_{\max}, (t=1,2,\cdots,T)$$
$$S_{\min} \leqslant S_1(t) \leqslant S_{\max}, (t=1,2,\cdots,T)$$

(5-4)

（2）上库水量平衡的确定性约束：

$$S_1(t) = S_1(t-1) \pm \Delta S(P_{ss}(t)), t=1,2,\cdots,T \quad (5-5)$$

其中，$S_1(t-1)$ 表示第 t 时段初上库蓄水量；$S_1(t)$ 表示第 t 时段末上库蓄水量；$\Delta S(P_{ss}(t))$ 表示第 t 时段上库蓄水量的变化量（抽水时为正，发电时为负）。

（3）抽水蓄能机组出力的确定性约束：

$$\text{发电情况下：} PF_{\min} \leqslant P_{ss}(t) \leqslant PF_{\max} \quad (5-6)$$

$$\text{抽水情况下：} PC_{\min} \leqslant P_{ss}(t) \leqslant PC_{\max} \quad (5-7)$$

其中，$PF_{\min}$ 为抽水蓄能机组的最小出力；$PF_{\max}$ 为抽水蓄能机组的最大出力；$PC_{\min}$ 为最小入力；$PC_{\max}$ 为最大入力。

（4）机组检修计划的不确定性约束：

$$W_{si} = W_{offi} + \sum_{i=1}^{n} \int_{(k-1)T}^{t} S(t)dt + \sum_{i=1,i\neq v}^{n} \int_{t}^{kT} S(t)dt \quad (5-8)$$

其中，W_{si} 为检修计划改变引起的耗水量；v 为检修机组；W_{offi} 为第 i 台机组的停机耗水量；$S(t)$ 为抽水蓄能电站在 t 时刻的运行费用。

（5）日负荷计划的不确定性约束：

将一天 24h 分为 m 个时段，T 为周期，则有：

$$P = \int_0^{24} \Big(\sum_{i=1}^{n} \int_{(k-1)T}^{kT} P_i(t)dt + \int_{kT}^{(k+1)T} (P_h(t)+P_s(t))dt \Big)dt,$$
$$k=1,2,\cdots,m$$

(5-9)

其中，n 为机组台数；$P_i(t)$ 为第 i 台的机组出力；$P_h(t)$ 为 t 时刻日计划负荷；$P_s(t)$ 为 t 时刻瞬时负荷。

（6）振动和气蚀区域约束：

$$P_i(t) \in R_i = \{H_{di1}[P_{\min1}, P_{\max1}]\} \bigcup \{H_{di2}[P_{\min2}, P_{\max2}]\}$$
$$\bigcup \cdots \bigcup \{H_{dim}[P_{\min m}, P_{\max m}]\} \qquad (5-10)$$

式中：$H_{di1}[P_{\min1}, P_{\max1}]$ 表示 i 号机组在机组段水头为 H_{di1} 的情况下的振动出力或气蚀出力上下限。

2. 与火电机组有关的约束条件

$$P_{i,\min} \leqslant P_i(t) \leqslant P_{i,\max}, t = 1,2,\cdots,T \qquad (5-11)$$

其中，$P_{i,\min}$ 为第 i 类火电机组的技术最小出力；$P_{i,\max}$ 为第 i 类火电机组的技术最大出力。

3. 与普通水电机组有关的约束条件

$$P(t) = \sum_{i=1}^n P_i(t), t = 1,2,\cdots,T \qquad (5-12)$$

其中，$P(t)$ 为第 t 时段电力系统配发的总出力任务；$P_i(t)$ 为第 t 时段第 i 台机组的出力，而且

$$P_i(t) \in R_i \qquad (5-13)$$

其中，R_i 为第 i 台机组的出力范围域。

4. 与电力系统相关的确定性约束

（1）电力系统的容量平衡约束：

$$PD_{\max} + NSR + P_l = \sum n_i \times P_{i,\max} + \sum n \times P_{\max} + \sum P_{ot}$$
$$(5-14)$$

其中，$PD_{\max}$ 为日最高负荷（电力系统典型负荷日）；NSR 为系统的总旋转备用容量；P_l 为电网的总功率损失；$\sum n_i \times P_{i,\max}$ 为火电站运行机组的总开机容量；n_i 是第 i 类机组的开机台数；$\sum n \times P_{\max}$ 为抽水蓄能电站的开机容量；$\sum P_{ot}$ 为系统中其他各类机组在系统最高负荷时段的总开机容量（除火电机组和抽水蓄能机组外）。

（2）电力系统的功率平衡约束：

$$PD(t) + PL(t) = PT(t) + P_{ss}(t) + P_{ot}(t), t = 1, 2, \cdots, T$$

$$(5 - 15)$$

其中，$PD(t)$ 为第 t 时段的系统负荷；$PL(t)$ 为第 t 时段的系统网损；$PT(t)$，$P_{ss}(t)$，$P_{ot}(t)$ 分别为第 t 时段火电站机组、抽水蓄能机组和其他各类机组承担的系统总负荷。

5.3 基于模糊扰动的螺旋法向逼近遗传算法

由于上述模型比较复杂，时空动态规划法很难满足实时性要求。因此，为了满足系统的实时性要求，需进一步对螺旋法向遗传算法进行改进并求解。

5.3.1 模糊扰动

输入抽水蓄能电站、火电机组以及电力系统其他机组等有关技术经济参数，由程序回归抽水蓄能电站发电时段的流量与出力关系特性曲线、各类火电机组的煤耗与出力关系特性曲线计算[107]。本书采用了 SVGA 算法，在采用 SVGA 算法的时间优化过程中，对适应度高的个体按照预定的比例施加扰动，以达到加速收敛、提高实时性的目的。

（1）SVGA 编码。个体编码仍采用 $s = [X, g(X)]$，其中 s 表示 SVGA 群体中的个体，它由两部分组成：X 为由待优化变量的实际值组成的矢量，为了使负荷分配的数量级能够精确到 0.1MW，该值采用浮点数表示；$g(X)$ 为螺旋函数，每个染色体的基因在其取值范围内用一个浮点数来表示，采用浮点数比直接采用二进制数能够节约更多的存储空间，这是 SVGA 算法比普通遗传算法的显著优点。

（2）SVGA 杂交与精英选择。SVGA 杂交步骤参照第 4 章式（4-21）和式（4-22）进行。由于机组台数多且约束条件中增加了火电和普通水电站的诸多约束，在精英选择中需要加大动量因子 α 的取值范围，但是此举会加大早熟的概率。为了尽量避免群体的早熟，增加了模糊扰动。

（3）模糊扰动。虽然采用了精英选择可以部分避免"早熟"现象，但由于大电力系统的机组台数和约束条件较多，大样本甚至是特大样本的染色体群，容易产生精英选择之外的"早熟"现象，为此设计模糊扰动[108-109] 变量 $Y_{i,t1} = -4Y_{i,t}^2 + 4Y_{i,t}$，式中：$0 \leqslant Y_{i,t} \leqslant 1, i = 1, 2, \cdots, m+1$。又令 $Y_k' = (1-\varphi)Y^* + \varphi Y_k$，式中：$\varphi$ 为扰动系数，$0 < \varphi < 1$；Y^* 为最优解映射向量；Y_k 为替代 k 次后的模糊向量；Y_k' 为增加随机扰动后的模糊向量。采用退火原理可以可逆变换 Y_k' 扰动变量，将其变换到原来的问题域，进而得到更优的新解，逃出可能的局部最优解，从而进一步避免了遗传算法的"早熟"现象。

（4）SVGA 变异。SVGA 变异参照第 4 章式（4-20）、式（4-21）和式（4-23）进行。

（5）惩罚函数和适应值函数。

惩罚函数参照第 4 章式（4-24），而适应值函数 $F(Q)$ 采用下式进行计算：

$$F(Q) = 1/\Big[S_t + M_1(P_c^t - \sum_{i=1}^{n} P_i^t u_i^t)^2 + M_2 \sum_{i=1}^{n} u_i^r + M_3 \sum_{i=1}^{n}(1 - u_i^{jX})\Big]$$

$$(5-16)$$

其中，$S_t = \sum_{i=1}^{n} S_i(P_i^t)u_i^t$，为第 t 时段机组总耗煤量（或水电站总耗水量折算为总煤耗量）；P_c^t 为第 t 时段电力系统负荷；P_i^t 为第 t 时段机组 i 的出力；u_i^r 为机组 i 的振动或汽蚀状态变量，当 P_i^t 在振区和汽蚀区内时，u_i^r 为 1，反之为 0；M_1、M_2、M_3 表示对约束条件的惩罚值。

（6）收敛准则。对满足收敛准则的染色体群，选取适应度最大的染色体作为最优解。收敛准则为 $|[F(x+1)-F(x)]/F(x)| \leqslant \varepsilon$，其中 x 表示迭代次数，α 为适应度，ε 为设定收敛阈值。

5.3.2 算法模块

基于模糊扰动改进的 SVGA 算法的计算机算法程序模块由 1 个主模块程序和 4 个子模块程序构成。

1. 主程序模块

主程序模块用于输入系统日负荷和常规水电机组、火电机组和抽水蓄能机组等有关的经济技术数据。主程序模块可以调用各个子程序模块，主要完成下列功能：① 各类火电站的机组运行台数、固定运行费用、煤耗、出力分配以及检修费用增加值；② 逐时段地计算各个状态下的系统转移费用，用 SVGA 算法求出上库蓄水位和水量、抽水蓄能电站和常规水电站的逐小时容量配置；③ 系统的总煤耗和总运行费用。将计算所得的总煤耗和总运行费用存储到数据表中或直接调用打印模块进行打印[112—115]，主程序流程如图 5-1 所示。

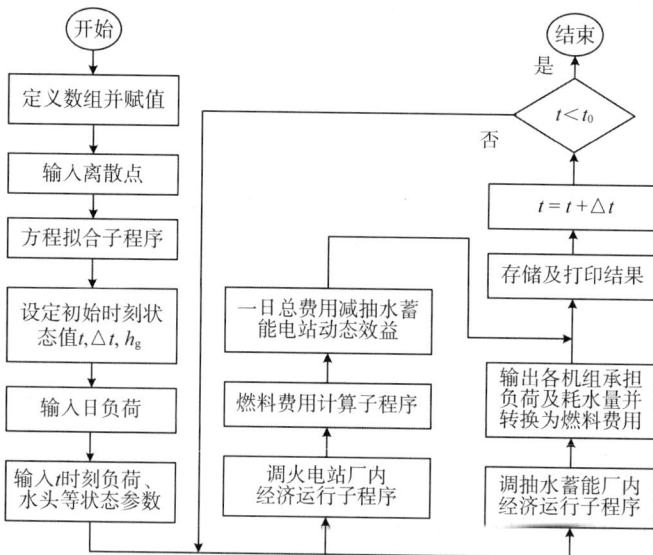

图 5-1　主程序流程

2. 子程序模块

4个子程序模块分别为抽水蓄能电站的厂内经济运行程序模块、火电机组负荷分配的子程序模块、二次曲线回归的计算程序模块和系统发电煤耗的计算程序模块。二次曲线回归[111]计算程序模块的功能是确定抽水蓄能机组的流量与出力之间的关系特性曲线、各类火电站机组的煤耗特性曲线以及逐小时火电站机组总发电煤耗与总负荷之间的关系特性曲线等(见图5-2(a))。火电站机组负荷分配子程序模块是在已知火电机组承担的总负荷情况下,计算逐小时各类火电站机组的负荷分配及运行台数(见图5-2(b))。抽水蓄能电站的优化调度运行程序模块以动态规划原理为基础,考虑水头损失对水电站机组段水头的影响,采用SVGA算法合理安排抽水蓄能电站各运行机组,使得对相同的机组出力,其用水量最小,为抽水蓄能电站机组的出力与流量之间的关系方程提供数据(见图5-2(c))。系统发电煤耗计算程序按

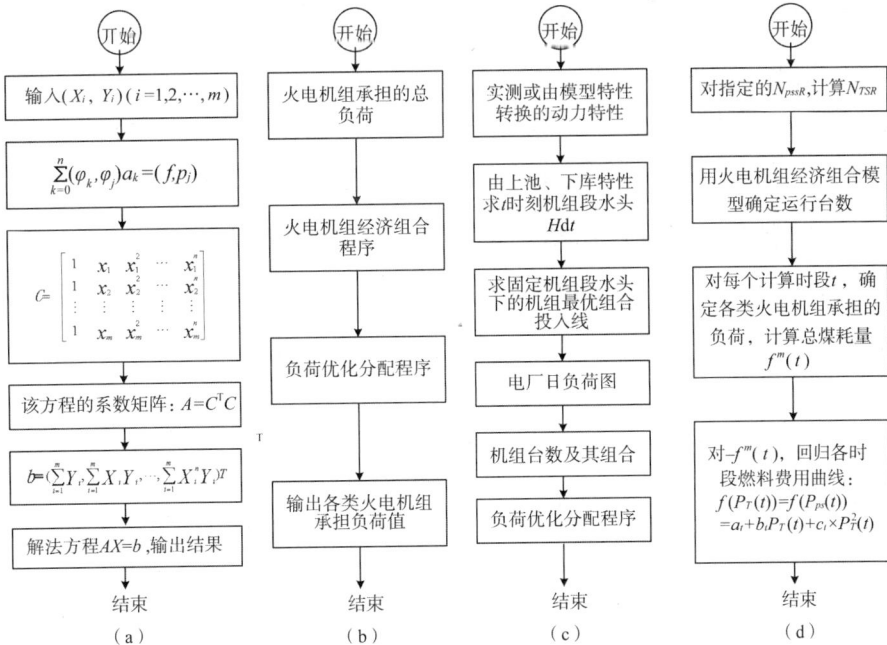

图 5-2　子程序流程

SVGA算法进行编制，用于在并列运行的火电机组之间分配负荷，计算系统煤耗和各类运行机组的出力，使系统燃料消耗量最小（见图 5 - 2(d)）。

5.4　仿真实例分析

5.4.1　京津唐电力系统简介

　　京津唐电力系统供电范围包括北京、天津以及河北的张家口、承德、秦皇岛及唐山地区。京津唐电力系统火电机组总装机容量约为87％，常规水电站机组约为4％，北京十三陵抽水蓄能机组约为9％，目前该电力系统年最大负荷为32000MW。取某典型日负荷进行计算，该日发电的火电机组为12台，总装机组容量为4700MW，其中♯1、♯2、♯3容量为300MW，♯4、♯5、♯6容量为500MW，♯7、♯8、♯9容量为600MW，10♯、11♯容量为200MW，12♯容量为100MW。常规水电机组为4台，总装机组容量为1360MW，其中♯1、♯2容量为300MW，♯3、♯4容量为380MW，其中第4号机组在负荷小于200MW时为振区。十三陵抽水蓄能电站为4台机组，其中♯1和♯2机组动力特性相同，♯3和♯4机组动力特性相同，装机容量80万kW，机组的调峰填谷能力共为1700MW，机组具有调整负荷、快速起动并网的特点。4台机组可同时从静止状态起动调整负荷到20万kW（3min之内满出力运行）。全厂4台机组逐台起动机组至水泵工况，能够吸收电网功率21.8万kW，紧急情况下机组可直接从水泵工况转换至发电工况，每台机组具备41.8万kW的紧急备用能力。

5.4.2　动力特性分析

　　十三陵抽水蓄能电站4台机组的流量出力特性如图5-3所示。

其中 ♯1、♯2 机组的动力特性相同，♯3、♯4 机组的动力特性相同。

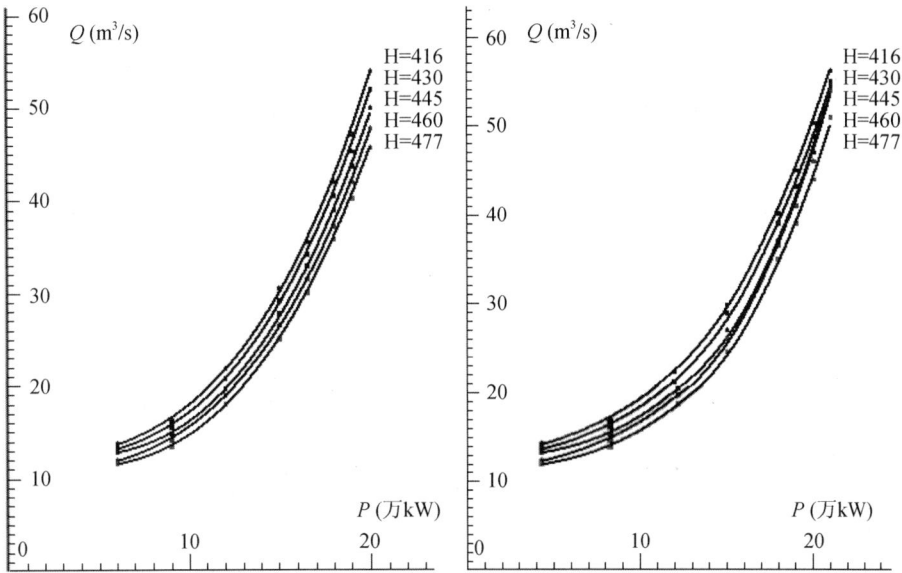

图 5-3　十三陵水电站各机组流量出力特性曲线

♯1 和 ♯2 机组的典型动力特性方程：

$$Q_1 = f(416, P) = 0.0062P^3 - 0.0452P^2 + 0.5966P + 10.3807$$

$$Q_2 = f(430, P) = 0.0055P^3 - 0.0220P^2 + 0.2761P + 11.1384$$

$$Q_3 = f(445, P) = 0.0045P^3 + 0.0141P^2 - 0.2531P + 12.8529$$

$$Q_4 = f(460, P) = 0.0055P^3 - 0.0363P^2 + 0.4332P + 9.4469$$

$$Q_5 = f(477, P) = 0.0045P^3 + 0.0026P^2 - 0.1204P + 11.206$$

♯3 和 ♯4 机组的典型动力特性方程：

$$Q_1 = f(416, P) = 0.0043P^3 + 0.0659P^2 - 1.5865P + 23.7883$$

$$Q_2 = f(430, P) = 0.0027P^3 + 0.095P^2 - 1.736P + 23.2595$$

$$Q_3 = f(445, P) = 0.0069P^3 - 0.0726P^2 + 0.0089P + 17.836$$

$$Q_4 = f(460, P) = 0.0057P^3 + 0.009P^2 - 1.2495P + 22.9768$$

$$Q_5 = f(477, P) = 0.0088P^3 + 0.0672P^2 - 3.6929P + 31.3565$$

上述水电站典型动力特性存储在数据库中,2012 年 3 月 5 日抽水蓄能电站平均水头 416m,火电有 6 台机组参加运行,火电♯1、♯2 容量为 50MW,♯3、♯4 容量为 600MW,♯5 容量为 300MW,♯6 容量为 200MW,煤耗率特性如图 5-4 所示,其中♯1、♯2 机组的煤耗量特性相同,其他各台机组的煤耗率特性各异。

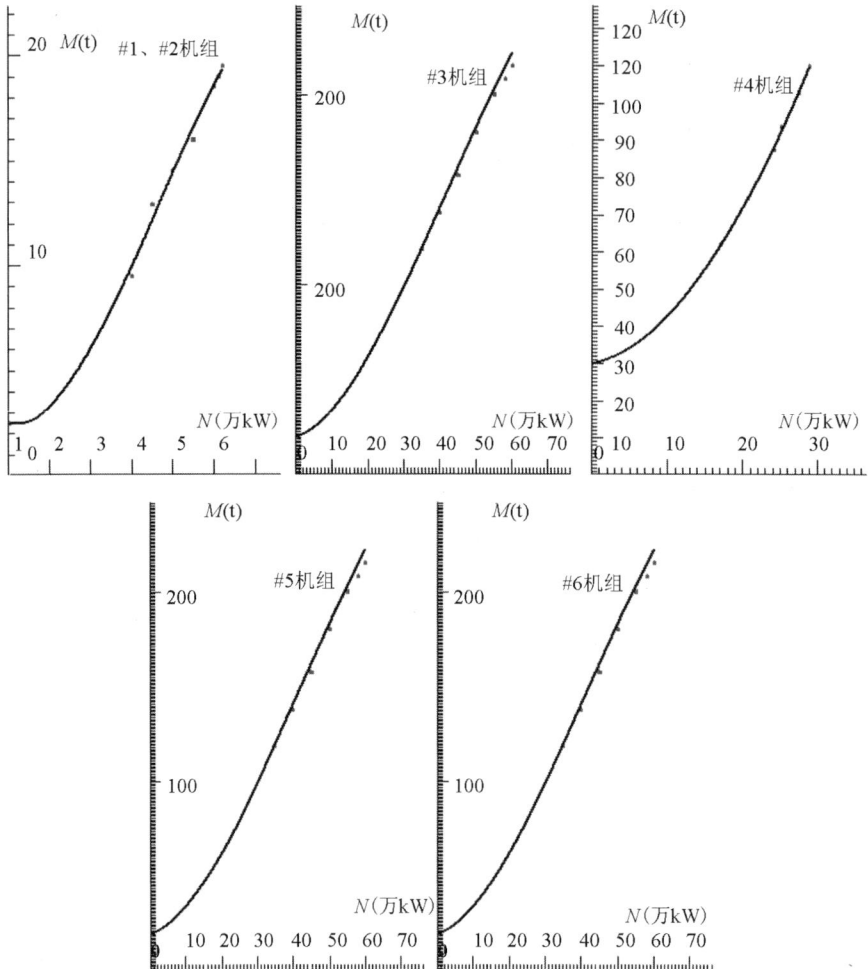

图 5-4 火电机组的煤耗率特性

5.4.3 有功负荷优化调度配置

该日电力系统的日负荷特性如表 5-1 所示,本表是一个简化的电力系统的日负荷特性,其中去除了普通水电站的负荷分配部分。采用基于模糊扰动改进的螺旋法向逼近遗传算法进行计算,取 $m = 80, \zeta = 1.9, \alpha = 0.8, k = 0.08, \varepsilon = 0.001$。本书抽水蓄能电站负荷分配如表 5-2 所示。

表 5-1　2012 年 3 月 5 日日负荷特性表

时段(h)	1	2	3	4	5	6	7	8	9	10	11	12
负荷(MW)	5276.8	5121.6	4966.4	4656	5121.6	5509.6	6208	6440.8	6984	7372	7760	6285.6
时段(h)	13	14	15	16	17	18	19	20	21	22	23	24
负荷(MW)	6285.6	6363.2	6363.2	6440.8	6596	6984	7294.4	7604.8	7449.6	6906.4	6130.4	5664.8

表 5-2　十三陵抽水蓄能电站机组优化负荷分配表

时间(h)	负荷 (MW)	#1 负荷 (MW)	#2 负荷 (MW)	#3 负荷 (MW)	#4 负荷 (MW)
1—6	0	0	0	0	0
7	15	0	0	0	15
8	55	13	14	14	14
9	75	18	18	19	20
10	80	20	20	20	20
11	73	18	18	18	19
12	66	16	16	17	17
13	43	10	10	12	11
14	41	9	10	11	11
15	63	15	16	16	16
16	74	18	18	19	19
17	80	20	20	20	20
18	69	17	17	18	17
19	43	10	10	12	11
20	25	12	13	0	0
21—24	0	0	0	0	0

5.4.4　优化调度的效益计算

京津唐电力系统与十三陵抽水蓄能电站联合优化调度的火电

站煤耗率表参见附录 E,依据火电站煤耗率表,火电机组负荷分配及耗煤量计算如表5-3所示。

(1)火电节煤效益。原实际火电耗煤 12445.6t,经过优化分配后耗煤 12276.3t,经济效益采用下式进行计算:

$$\gamma = \frac{f_s - f_0}{f_s} \times 100\% = \frac{12445.6 - 12276.3}{12445.6} \times 100\% = 1.36\%$$

式中:f_0 为优化分配后的耗煤量;f_s 为实际耗煤量。对一个月同样可以进行计算,其计算结果证明,可以提高月平均经济效益约 1.450%。

(2)常规水电站的效益计算。优化分配后的日耗水量为 $11909.58 \times 3600 \text{m}^3$,而当日实际耗水量为 $12199.94 \times 3600 \text{m}^3$,经济效益同样可采用下式进行计算:

$$\gamma = \frac{w_s - w_0}{w_s} \times 100\% = \frac{12199.94 - 11909.58}{12199.94} \times 100\% = 2.38\%$$

式中:w_0 为优化分配后的耗水量;w_s 为实际耗水量。对一个月同样可以进行计算,计算结果证明,可以提高月平均经济效益约 2.50%。

(3)抽水蓄能电站的经济效益计算。

① 旋转备用的动态效益 S_{d1} 计算:

$$S_{d1} = E_1 f(b_1 - b_0) = 140 \times 590 \times (345 - 330) = 123.9(万元)$$

式中:f 为煤价(单位为元/t,取该年的平均煤价 590 元/t 进行计算);E_1 为旋转备用容量;b_0 为基荷时的煤耗率;b_1 为火电机组压荷时的煤耗率。

② 调频动态效益 S_{d2} 计算:

$$S_{d2} = (b_2 n_2 + bTN_a)m_T f - \frac{VH\eta}{367.2} n_H m_H + Y$$

$$= (0.320 \times 2 + 0.345 \times 5 \times 30) \times 4 \times 0.0540 -$$

$$\frac{10 \times 444 \times 0.98}{367.2} \times 8 \times 4 \times 0.5 + 1 = 179.279(万元)$$

表 5-3 火电机组负荷分配及耗煤量计算表

时段	负荷(MW)	各台机组SVGA分配负荷(MW)						1 耗煤量(t)	2 耗煤量(t)	3 耗煤量(t)	4 耗煤量(t)	5 耗煤量(t)	6 耗煤量(t)	总耗煤量(t)
		1#	2#	3#	4#	5#	6#							
1	1140	20	20	340	340	240	180	18.80	18.80	115.136	115.136	88.014	63.91	382.196
2	1120	20	20	340	340	230	170	18.80	18.80	115.136	115.136	83.858	59.75	373.88
3	1110	20	20	330	340	230	170	18.80	18.80	110.998	115.136	83.858	59.75	369.742
4	1110	20	20	330	340	230	170	18.80	18.80	110.998	115.136	83.858	59.75	369.742
5	1120	20	20	340	340	230	170	18.80	18.80	115.136	115.136	83.858	59.75	373.88
6	1260	20	20	400	400	240	180	18.80	18.80	140.488	140.488	88.014	63.91	432.9
7	1460	20	20	400	600	240	180	18.80	18.80	140.488	221.72	88.014	63.91	514.132
8	1520	20	20	460	600	240	180	18.80	18.80	166.092	221.72	88.014	63.91	539.736
9	1650	20	20	600	600	240	170	18.80	18.80	221.72	221.72	88.014	59.75	591.204
10	1660	20	20	600	600	240	180	18.80	18.80	221.72	221.72	88.014	63.91	595.364
11	1630	20	20	600	600	220	170	18.80	18.80	221.72	221.72	79.836	59.75	583.026
12	1440	20	20	380	600	240	180	18.80	18.80	131.964	221.72	88.014	63.91	505.608
13	1400	20	20	340	600	240	180	18.80	18.80	115.136	221.72	88.014	63.91	488.78

续　表

时段	负荷（MW）	各台机组 SVGA 分配负荷（MW）						1 耗煤量（t）	2 耗煤量（t）	3 耗煤量（t）	4 耗煤量（t）	5 耗煤量（t）	6 耗煤量（t）	总耗煤量（t）
		1#	2#	3#	4#	5#	6#							
14	1500	20	20	440	600	240	180	18.80	18.80	157.586	221.72	88.014	63.91	531.23
15	1560	20	20	520	600	230	170	18.80	18.80	191.042	221.72	83.858	59.75	556.37
16	1560	20	20	520	600	230	170	18.80	18.80	191.042	221.72	83.858	59.75	556.37
17	1630	20	20	600	600	220	170	18.80	18.80	221.72	221.72	79.836	59.75	583.026
18	1740	20	20	600	600	300	200	18.80	18.80	221.72	221.72	115.62	73.398	632.458
19	1740	20	20	600	600	300	200	18.80	18.80	221.72	221.72	115.62	73.398	632.458
20	1740	20	20	600	600	300	200	18.80	18.80	221.72	221.72	115.62	73.398	632.458
21	1670	20	20	600	600	250	180	18.80	18.80	221.72	221.72	92.301	63.91	599.651
22	1500	20	20	440	600	240	180	18.80	18.80	157.586	221.72	88.014	63.91	531.23
23	1360	20	20	320	600	230	170	18.80	18.80	106.898	221.72	83.858	59.75	472.226
24	1250	20	20	390	400	240	180	18.80	18.8—0	136.221	140.488	88.014	63.91	428.633
合计	34870	480	480	11090	12700	5840	4280	451.2	432.4	3975.707	4625.896	2153.993	1520.704	12276.3

式中：b_2 为煤耗率（由最小技术出力带到满负荷出力），或称汽轮机启动时的燃料消耗率；n_2 为升荷或日启动次数；T 为一台机组带计划外负荷的总运行时数（24 小时内）；b 为机组调峰时的标准煤耗；N_a 为一台机组的装机容量；m_T 为相应的机组台数；V 为水轮机启动时的空载消耗水量；H 为电站的平均机组段水头；η 为水轮发电机组的效率；n_H 为水轮机的日启动次数；m_H 为相应水轮机的台数；f 为煤价；f_1 为电价；Y 为运行速度的滞后损失。

③ 系统可靠性增加的效益 S_{d3}：

$$S_{d_3} = \sum_{i=1}^{m}(d_T - d_{r1} \times E_i) = (0.5 - a_3 \times 80 + 80 + 120 + 120)$$
$$= 1.2(万元)$$

式中：m 为电站机组台数；i 为机组序号；E_i 为第 i 台机组的日发电量。

通过实例计算证明，常规水电机组的耗水量和火电机组的煤耗量减少了，同时抽水蓄能电站的动态平衡效益得到增加。在系统的优化调度过程中采用 SVGA 算法，实践证明采用该算法进行系统的短期负荷优化调度分配是可行的。

本章小结

抽水蓄能电站是水电站的特例，也是一种与电力系统联系最紧密的水电站，对其进行研究丰富了水电站的研究类型，同时也丰富了厂内优化调度决策的内涵，提高了水电站动态不确定智能调度决策系统的应用范围。本章重点论述了基于大电力系统的抽水蓄能水电站动态不确定模型建立、优化、SVGA 算法应用以及对京津唐电力系统的应用实例分析，第 6 章将重点论述水电站动态不确定智能调度决策系统的设计与开发。

第6章 水电站动态不确定智能调度 决策系统设计与应用

6.1 引　言

对前面第 2、3、4、5 等章所描述的动力特性分析模块、动态不确定优化调度模块、有功负荷优化算法模块等进行了集成化开发，2008 年开始进行了三次升级，形成了目前的水电站动态不确定智能调度决策系统 V3.0 版本[116]，软件著作权登记号 2012SR012066，浙江省水利先进适用技术（产品）推广证书编号 ZST－8002－2013。

本系统采用 C/S 构架模型，采用 Microsoft SQL Server 2005 企业版[117－119]和最新的可视化语言 VB. NET 进行设计[120,121]，在设计开发过程中嵌入了 Kodak 的 imgadmin. ocx、imgedit. ocx、imgscan. ocx 和 imgthumb. ocx 等控件，同时通过自动调用 MathWorks 公司推出的 Matlab 的 COM（Component Object Model）组件实现动力特性数据过滤等功能。目前，水电站动态不确定智能调度决策系统通过动力特性分析技术、动态不确定优化调度控制技术、时空动态规划法集成技术、SVGA 算法集成技术等的设计与开发，能够适用多种类型的水电站机组，包括中高水头的混流式机组、中低水头的轴流式机组、超低水头的河床贯流式机组、大电力系统的抽水蓄能机组以及小型的农村水电站机组。应用的电站有湖南湘祁水电站(河床贯流式)、温州珊溪水电站(混流式)以及系列农村水电站。系列农村水电站包括安吉老石坎水电站、泰顺仙居水电站、临安里畈水电站(一级和二级)、临安英公水电站等。应用结果表明,电站的优化效益能够达到2%~5%。

6.2 总体框架设计

本系统由动力特性分析模块、动态不确定优化调度控制模块、智能决策模块等组成,各个模块相互衔接构成一个完整的系统,其总体设计框架如图 6-1 所示。

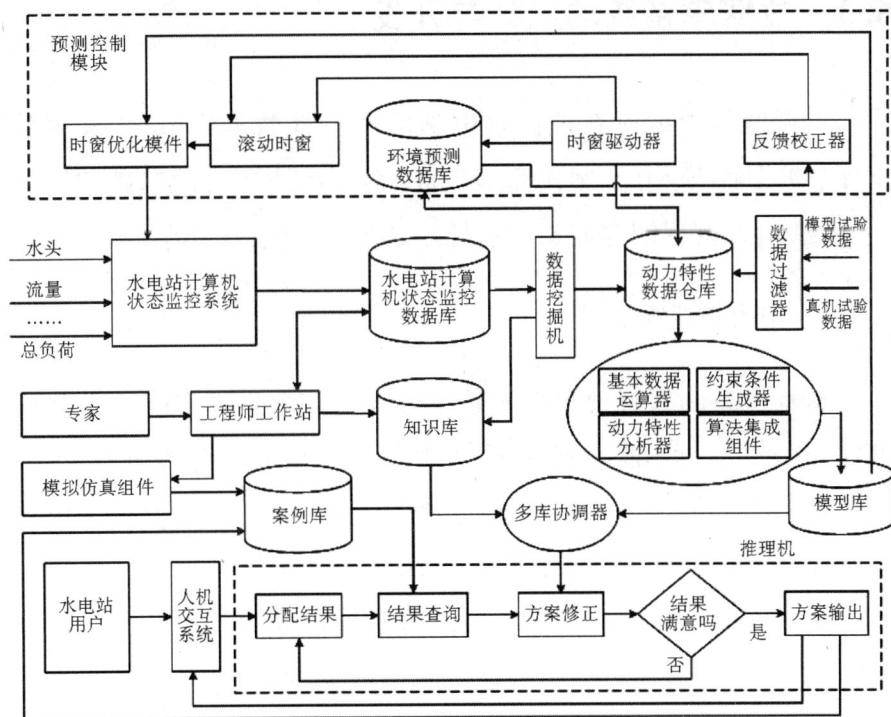

图 6-1 总体设计框架

由图 6-1 可知,数据库是系统的核心,它在水电站计算机状态监控数据库之上进行开发[124—126]，由水电站动力特性数据库、环境预测数据库、知识库、模型库、案例库等共同组成。动力特性分析模块包括基本数据运算器、约束条件生成器、动力特性分析器等组成；动态不确定优化调度组件包括时窗驱动器、滚动时窗、反馈校正器、时窗优化模件等组成；智能决策模块由数据挖掘机、算法集成组件、多库协调器、案例推理机、模拟仿真组件、算法集成组件等组成，其中算法集成组件集成了时空动态规划算法和 SVGA 算法等，该组件为时窗优化模件提供算法共享资源接口。系统外部与工程师工作站、人机互交界面、计算机状态监控系统、水电站用户等链接，形成内外数据交互的完整嵌入式系统。

6.3　数据库系统的设计与开发

本系统的数据库系统由水电站动力特性数据库、环境预测数据库、知识库、模型库、案例库等组成，它是系统运行的基础和数据核心，承担着数据的存储、管理、输出、触发、备份等功能。

6.3.1　动力特性数据库

本水电站动力特性数据库系统分为内部数据库和外部数据库两个部分[127]，内部数据库采用微软公司的商用数据库系统（Microsoft SQL Server 2005）[125]进行管理，而外部数据库采用目录管理的形式。数据库构架设计如图 6-2 所示。

从图 6-2 中可知，内部数据库包括数据库表、存储过程、公共函数和触发器，通过由供应商提供的数据库引擎，数据库管理平台（DBMS）可以访问内部数据库；目录树和文件集合组成了外部数据库，通过目录管理软件，管理员可以访问和管理外部数据库；目录管理需提供访问的路径，当数据存储时访问路径存于内部数据

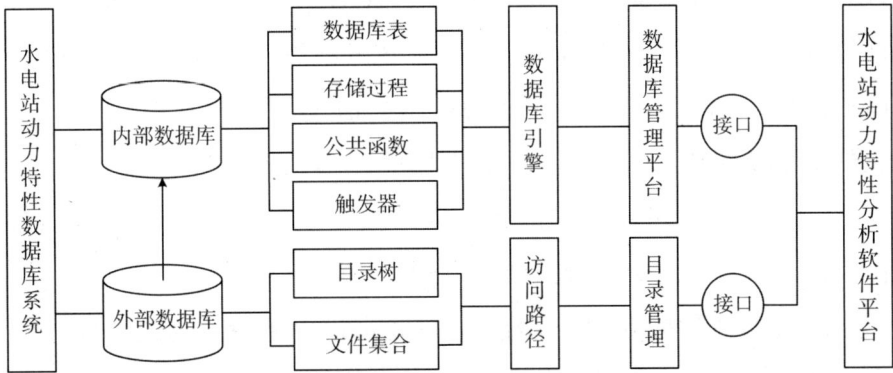

图 6-2　水电站动力特性数据库系统构架

库中,当进行目录管理时则从内部数据库中取出;同时内部数据库可以调用外部数据库,而外部数据库调用内部数据库的数据是一个单向的过程,这主要是基于内部数据库的安全性考虑。

1. 功能设计

水电站动力特性分析的数据核心是动力特性数据库,它的设计和分析须结合水电站动力特性分析的一些特殊功能。动力特性分析数据流如图6-3所示。

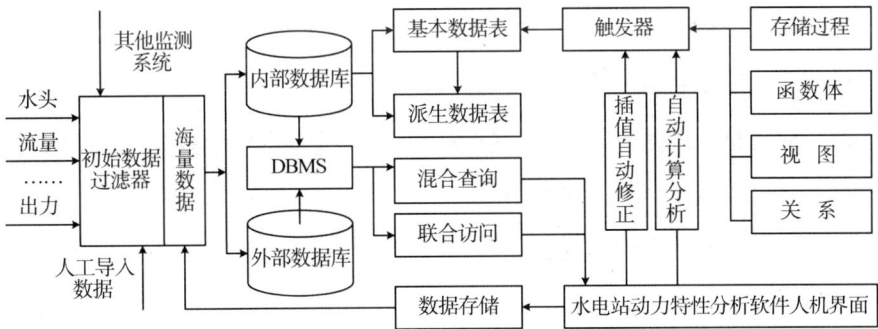

图 6-3　水电站动力特性分析的数据流

从图 6-3 中可知,经过初始数据过滤器(接口软件)过滤后,外部数据汇合了动力特性分析数据,所形成的海量数据传输并存储到内外部数据库中,内部数据库有基本数据表和派生数据表之分,基本表通过触发器程序生成派生数据。当人机界面执行自动计算或插值运算等功能时将自动启用触发器,由触发器触发数据库中的函数、存储过程、关系或视图等程序,这些程序作用于基本表的数据并进行分析计算,并把最终结果传输到派生表。通过DBMS 人机界面可以对内部和外部的数据库实现混合查询和联合访问的功能。本系统所具有的一些特殊的功能包括:

(1) 海量数据存储的功能。一般水电站有多台发电机组,每台发电机组的动力特性又包括流量出力特性、出力损失特性、效率特性、耗水率特性、微增率特性等,这些特性都会随着水电站机组的运行时间推移而改变,因此动力特性数据也将随着运行时间的推移而不断存储,这样就会形成海量的动力特性分析数据,因而海量数据的存储功能的设计与开发就很有必要了。

(2) 内外联合访问的功能。数据库由内部和外部两个数据库组成,通过某种协调机制可以协调内部数据库和外部数据库之间的访问,使内部数据库和外部数据库之间形成桥梁,以保证数据的一致性和完整性。本系统以内部数据库为主,以外部数据库为从,这也是保证内部数据安全性的措施。

(3) 混合数据查询的功能。动力特性分析需要出力、流量和水头等数据,通常称这些数据为状态数据。状态数据包括图形、表格和曲线或混合型的数据,在人机界面中需要把状态数据反映出来,尤其是混合的数据需要一种混合访问机制来查询,混合查询同时包括形成报表和打印曲线的功能。

(4) 数据自动计算的功能。外部导入的数据或实时监测的数据包括水头、流量、出力等,必须通过过滤、分析和计算进行去粗存精,并传输到基本数据表中,另外一些通过计算和分析派生的数据要存储到派生数据表中。

(5) 插值自动修正的功能。水电站在实际运行过程中的机组段水头不一定是典型机组段水头,这就需要对实际机组段水头进行插值运算和分析,插值运算数据源来源于基本数据表。但当基本表的基本数据改变时,系统将通过触发器重新计算插值数据并将其存储。因此,插值自动修正的功能有利于保持基本数据的精确性和可靠性。

2. 核心技术机制设计

本书所介绍的核心技术机制不是通用的机制,它是系统功能特性结合计算机技术进行研究的创新性成果,具有一定的前沿性。它包括数据访问协调机制、海量数据存储机制和过程自动触发机制等。

(1) 数据访问协调机制

显然,数据访问协调机制即协调内部数据库与外部数据库的关系,由于内部数据库与外部数据库之间存在主从的关系,外部数据库服务于内部数据库,所以当内部数据表存储数据溢出时,必须采用外部数据库的存储功能来解决。由于内部数据库与外部数据库的访问、存储和管理等方式有很大差别,因此建立它们之间的协调机制非常必要,即使之依照特定的运作规则运行。内、外部数据库的协作如图 6-4 所示。

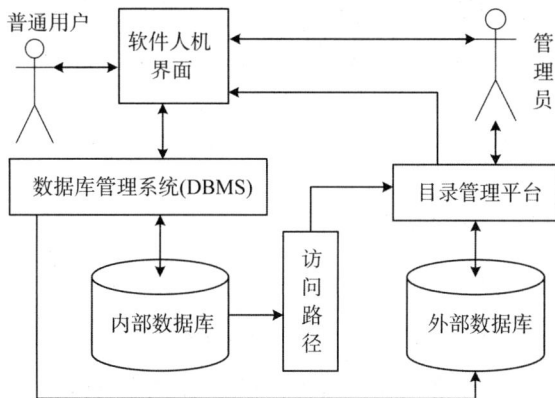

图 6-4　内外部数据库协作

从图 6-4 中可知,通过人机界面和 DBMS,普通用户可以访问、存储和管理数据库的数据。数据存储分为两部分:一部分存储在内部数据库中,另一部分大容量的数据存储在外部数据库中,而外部数据库以文件集的形式进行组织,采用二进制文件的形式访问、读取和编辑。内、外部数据库之间采用访问路径形式相互链接,访问路径由内部数据库进行管理。目录管理平台是管理外部数据库的唯一平台,普通用户只授权"读权限","写权限"只授权给管理员。当普通用户访问数据库中的数据时,须先通过DBMS 访问内部数据库,一部分数据从内部数据库中取出,但若要同时获取外部数据库中的数据,必须从内部数据库中获得外部数据的访问路径,然后以该访问路径为钥匙,通过目录管理平台从外部数据库中取出数据,最后通过人机界面传输给用户。通过该技术机制可以实现多类型混合数据查询和内外数据库联合访问等功能。

(2) 海量数据存储机制

海量数据存储机制主要解决两个问题:① 自动更改、删除和备份机制;② 防止数据表数据溢出。数据表的存储容量一定,要存储大量实时生成的数据、自动计算过程产生的数据以及间接导入的数据,其存储容量必然溢出[124—126]。为此需要采取以下措施:①外部数据存储技术。曲线、图形和文件等大容量数据须采用外部数据存储技术,这在上节已经介绍。② 自动清理技术。当数据库一旦得到备份将自动启动一个触发器,执行一个存储过程函数,该过程函数有一个人机接口并弹出对话框,当用户在对话框中输入参数后,过程函数将从数据表中删除设定的记录。③ 自动备份技术。在数据表中建立一系列的触发器,与表的"新增"事件相关联,在触发器中加入数据记录总数目的条件判断,先设定触发的总数目,然后统计数据表的记录总数目并进行比较,如果数据表的记录总数目大于设定的数目,则自动启动触发器完成数据库的备份功能。

（3）过程自动触发机制

过程自动触发机制是一个重要的核心机制,它可以实现数据的自动过滤和存储、自动清理和备份、插值数据的修正以及自动计算和分析等功能。具体方法是在数据库表的操作事件中链接触发器,在触发器中执行存储过程、函数或其他嵌套数据程序。例如,插值修正触发器会在基本数据表更新数据时触发。首先,通过"Select From 语句"读取基本数据表中的更新数据,如水头、流量、出力等。其次,启动插值运算过程函数进行插值运算,采用"Create ♯ TableName"语句建立临时表,把所得记录保存在临时表中,其中"Create"为关键字,符号"♯"为临时表标识,"TableName"为临时表的名称。再次,通过关联和视图查询并读取插值表中的记录。最后,采用"Update 语句"进行更新处理。过程自动触发机理如图6-5所示。

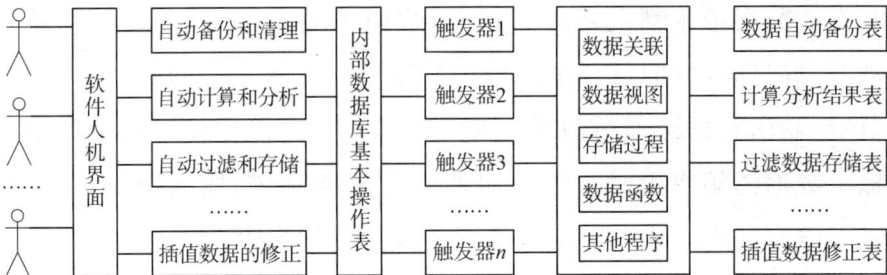

图 6-5　过程自动触发机理

6.3.2　环境预测数据库

环境预测数据库由 Microsoft SQLSERVER 2005 开发,包括基本数据表、负荷数据表、动力特性数据表、检修计划表以及 I/O 调度触发器等,其工作原理如图 6-6 所示。

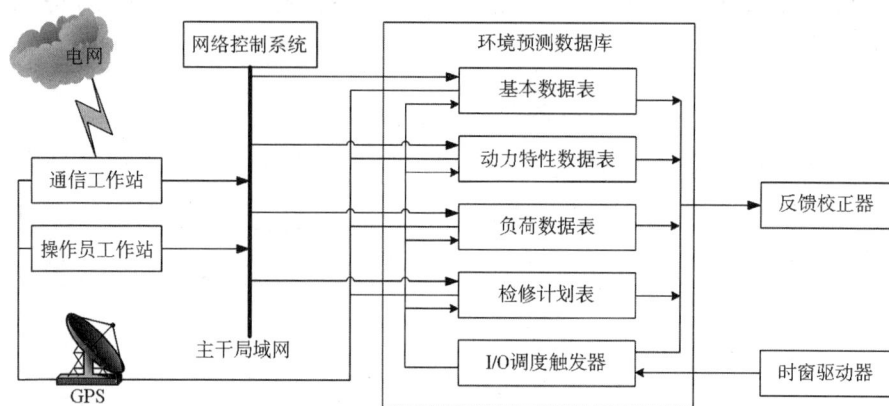

图 6-6　环境预测数据库工作原理

由网络实时控制系统所获取的先验数据主要存储在环境预测数据库中,如出力、水头、温度以及电能生产过程的状态数据等存储在基本数据表,模糊动力特性数据存储在动力特性数据表,瞬时给定负荷数据存储在负荷数据表,不确定检修计划数据存储在检修计划表等。这些数据自动来源于电网通信工作站。由于负荷数据表、动力特性数据表、检修计划表等存储的是动态不确定数据,其每项数据记录都具备时域特性,这便于通过 I/O 调度触发器调动时窗周期内的时域数据。数据的输出与输入由 I/O 调度触发器负责,输出数据可通过反馈监测器,用于时窗优化模块的初始化,输出数据的频率由时窗驱动器的驱动周期确定,输入数据由时域数据结合同步时钟(GPS)存储到相应的数据表中。

6.3.3　智能决策相关数据库

智能决策相关数据库包括模型库、知识库、案例库等,模型库存储动态不确定优化调度模型数据以及求解方法的相关数据集。知识库存储由水电站长期运行的专家数据和经验数据,包括专家数据集和经验数据集等。各相关数据库的关系如图 6-7 所示。

从图 6-7 可知,通过水电站计算机监控中心的上位机工程师工

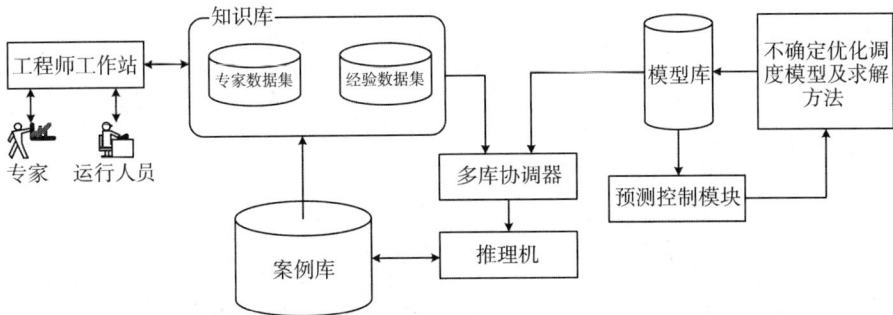

图 6 - 7　智能决策相关数据库关系

作站,运行人员或专家可以链接访问知识库,输入优化分配方案。由推理机推理后将优化分配方案存入案例库,案例库中的优化调度案例存储到知识库中,便于运行人员和专家查询。不确定优化调度模型数据及求解方法相关过程的数据存入模型库中,动态不确定优化调度组件可调用模型库的数据,重新优化不确定优化调度模型数据及求解方法,并将结论反馈到模型库中。经过多库协调器知识库和模型库将数据输入推理机进行推理,以获取最优调度方案。

6.4　动力特性分析模块的设计与开发

在数据存入动力特性数据库之前,需要通过动力特性分析模块进行数据分析、存储与处理。动力特性分析模块包括基本数据过滤器、动力特性分析器、基本数据运算器、约束条件生成器等。下面论述这些动力特性分析组件的设计与开发。

6.4.1　动力特性数据过滤器

本模块对数据的过滤综合采用了平滑滤波、直流滤波、无限冲击滤波等方法,并结合计算机技术进行数据过滤的模块化。平滑滤波和直流滤波子模块采用了高级编程语言,是结合汇编语言编译实现的,而无限冲击滤波模块则通过自动调用 MathWorks 公司推出的 Matlab 的 COM 组件实现[128—132]。各种模块的集成形成了动力特性数据过滤组件,从水电站计算机监控历史数据库或实时监测系统获取数据时的数据最先处理。

1. 平滑滤波子模块

平滑滤波也称均值滤波,适用于周期信号或重复信号。通常如果噪声频谱与信号频谱各自占有不同的频带,则一般滤波可以完成对信号的滤波任务。但是,如果信号和噪声的频谱互相重叠,一般滤波技术就难以实现将噪声从信号中分离出来,这时用平滑滤波就可以有效地改善信噪比。平滑滤波是以牺牲采样频率为代价的,只有当被测信号频率不是太大时才可以采用,如上下游水位、机组段水头等。

2. 直流滤波子模块

实际现场采集的信号基本上都是一些周期性交流信号,但往往有一些直流噪声信号混杂其中,甚至噪声严重时会将信号"淹没",这严重影响了分析频域信号。这时可将直流分量采用直流滤波方法来删除,仅留交流分量,即对采样数据求取均值来实现直流滤波,再将均值从信号中除去。因此,采样数据的点数直接关系到直流数字滤波的效果:点数越多,滤波效果越好。直流滤波时应尽量选用较多的滤波点数,或者较长的采样时间和采样频率。该模块主要适用于出力、电流、电压等参数的过滤。

3. 无限冲击响应滤波子模块

Chebyshev Ⅰ 滤波、Chebyshev Ⅱ 滤波、Butterworth 滤波和椭圆滤波被封装在无限冲击响应滤波模块中。该模块将对获取的数据如效率、流量、流量微增率等进行数据过滤。基于 COM 模型的程序开发可以实现对 Matlab 的自动化调用。设滤波传递函数为:

$$H(z) = \frac{B(z)}{A(z)} = \frac{b(1) + b(2)z^{-1} + \cdots + b(n+1)z^{-n}}{1 + a(2)z^{-1} + \cdots + a(n+1)z^{-n}} \quad (6-1)$$

由式(6-1)可知,确定一个滤波器仅需确定两个向量 a 和 b。定义执行滤波的函数为 $y = \text{filter}(b, a, x)$。

Chebyshev Ⅰ 滤波可调用执行函数: $[b, a] = \text{cheby1}(n, R_p, \bar{\omega}_n)$, 该函数设计一个 n 阶切比雪夫 Ⅱ 型滤波器,通带最大衰减为 R_p,截止频率为 $\bar{\omega}_n$,它将滤波系数返回到一个 $(n+1)$ 的行向量 b, a 中。

Chebyshev Ⅱ 滤波可调用执行函数: $[b, a] = \text{cheby2}(n, R_s, \bar{\omega}_n)$, 该函数设计一个 n 阶切比雪夫 Ⅱ 型滤波器,阻带最小衰减为 R_s,截止频率为 $\bar{\omega}_n$,它将滤波系数返回到一个 $(n+1)$ 的行向量 b, a 中。

Butterworth 滤波可调用执行函数: $[b, a] = \text{butter}(n, \bar{\omega}_n)$,该函数设计一个 n 阶低通巴特沃斯滤波器,其截止频率为 $\bar{\omega}_n$,滤波系数返回到一个 $(n+1)$ 的行向量 b, a 中。

椭圆滤波可调用执行函数: $[b, a] = \text{ellip}(n, R_p, R_s, \bar{\omega}_n)$,该函数设计一个 n 阶低通椭圆滤波器,阻带最小衰减为 R_s,通带最大衰减为 R_p,由 $\bar{\omega}_n$ 确定截止频率,滤波系数返回到一个 $(n+1)$ 的行向量 b, a 中。

各滤波器都用了归一化向量 $\bar{\omega}_n$ 参数,它是截止频率除以耐奎斯特频率的值,介于 $0 \sim 1$。其中 1 表示为采样频率的一半即耐奎斯特频率,若 $\bar{\omega}_n$ 只含一个元素即 $\bar{\omega}_n = [w]$,则表示它是一个低通滤波器,w 为低通滤波器的截止频率;若 $\bar{\omega}_n$ 包含两个元素即 $\bar{\omega}_n = [w_1, w_2]$,表示一个带通滤波器,其中 w_1, w_2 分别表示通带的上下限频率。

6.4.2　动力特性分析器

动力特性分析器封装了各种动力特性分析方法,可以自动生成流量出力特性、出力效率特性、耗水率特性和微增率特性等动力特性方程,能从基本数据表和动力特性影响因数表中获取数据。从基本数据表中获取机组段水头下的典型特征数据,从动力特性影响因数表中获取约束条件区域特征数据。它由数据拟合模块、质心分析模块、字段拓展模块、插值运算模块、预处理对话机及临时表等组成，其结构及数据流如图6-8所示。

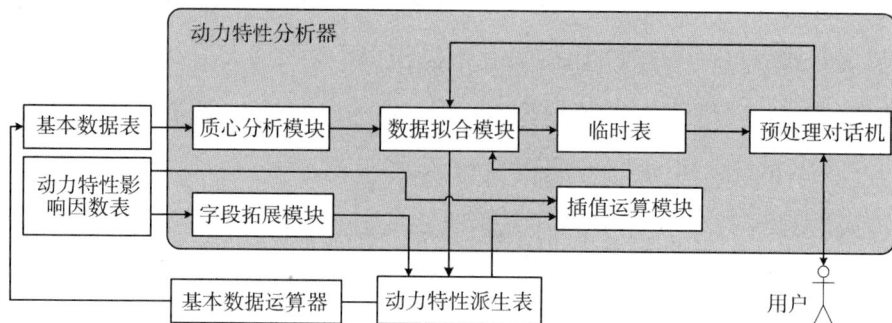

图6-8 动力特性分析器结构及数据流

图6-8中灰色边界内部即为动力特性分析器，该分析器涉及的核心技术包括以下几个方面：

（1）质心分析技术。该分析器中集成了"质心法"技术，并把该技术封装于质心分析模块中。

（2）特征数据的拟合技术。本分析器中的曲线拟合采用传统的多项式最小二乘法，并把该方法封装为数据拟合模块。这里需要研究的是多项式最小二乘法的拟合次数确定，一般认为多项式最小二乘法中采用的拟合次数越高越准确，实践证明这是一个误区。为此在本分析器中编制了一个"预绘制对话机"，该对话机可以对数据采用默认拟合次数（如三次）多项式进行最小二乘法拟合，该拟合方程将存储在一个临时表中，并通过人机对话画面绘制、显示和询问用户，使用户有调节拟合次数的权利，并把最终拟合方程存储到动力特性派生数据表中。

（3）非特征数据的插值拟合技术。由于实测数据不能穷举每个机组段水头，而实际运行中的水头大部分不是特征水头，而是非特征水头，如何利用特征水头下的实测数据，获取非特征水头下的数据是分析器需要解决的问题。这里开发了一个插值运算模块以解决该问题。由于从前面所述的"质心"特性可知,非特征水头的动力特性趋势和特征水头的动力特性趋势一致,因此非特征水头的动力特性数据可以利用特征水头的动力特性数据线性插值得到。为了使插值曲线减少拟合误差,可以直接从特征数据的拟合曲线方程通过插值求解得到。

（4）约束条件区域的分散存储技术。振动数据、检修计划数据和气蚀数据等约束条件数据通过约束条件生成器形成一个约束区域,在这个约束区域数据存储于动力特性影响因数表中。影响因数表中的数据体现的是特征动力特性条件下的约束,而对于非特征动力特性在影响因数表中不能得到体现,因此需要采用一种"分散存储技术",使得非特征动力特性也能受到区域的约束。该技术是这样实现的:采用开发的字段拓展模块在动力特性派生表中开辟一个字段,该字段与动力特性方程相对应,字段的数据特性为字符型,格式为"数字：数字；数字：数字；……"冒号前数字为区域横坐标上限,冒号后数字为区域横坐标下限,多个分段约束区域采用分号隔开,每个特性方程对应一个约束字符串。采用这种方法把约束条件区域分散存储于动力特性派生表中,且在非特征数据的插值计算时,非特征数据的约束条件区域同样采用插值计算得到。

6.4.3　动力特性数据运算器

动力特性数据运算器由各种动力特性数据运算方法编制而成,从动力特性的派生数据表中读取数据,经过分析和计算后的数据存储到基本数据表中。基本数据运算器对基本数据表产生了三个方面的操作：① 添加数据。动力特性的派生数据表中部分数据是从插值计算中获取的,它不能由实测得到,属于非特性数据,因此须通过基本数据运算器运算后添加到基本数据表之中。② 更新数据。通过动力特性分析器修正后拟合的方程,需要存储到动力特性派生数据表,这需要基本数据运算器来修正基本数据表中的数据。③ 舍弃数据。动力特性分析器采用质心法舍弃数据,其实所谓的"舍弃"只是在拟合时忽略这些数据,并没有从基本数据表中真正删除数据,但系统会把舍弃数据作标记或转移到一个临时表中,基本数据运算器将对这些舍弃数据信息进行重新核对,并最终删除这些数据。其工作原理如图6-9所示。

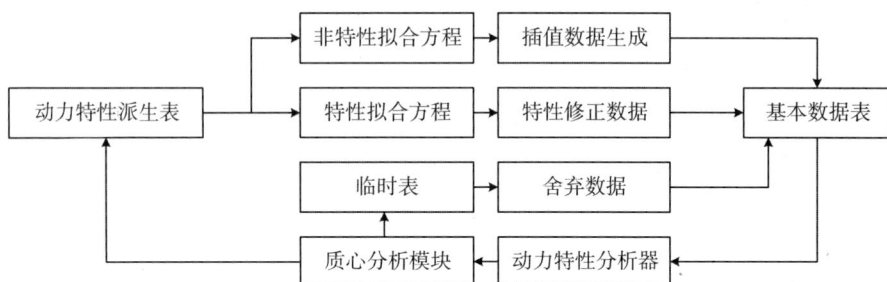

图 6-9 基本数据运算器工作原理

6.4.4 约束条件处理器

开发了一个约束条件生成器对约束条件进行处理,它可以汇集约束条件数据,形成约束条件区域。一般有多个约束条件区域,这些区域是一个离散区域,性质相同的区域用"性质"字段作标注,可以是检修、振动或气蚀等"性质",并与特定的机组段水头相对应。约束条件生成器的结构如图6-10所示。

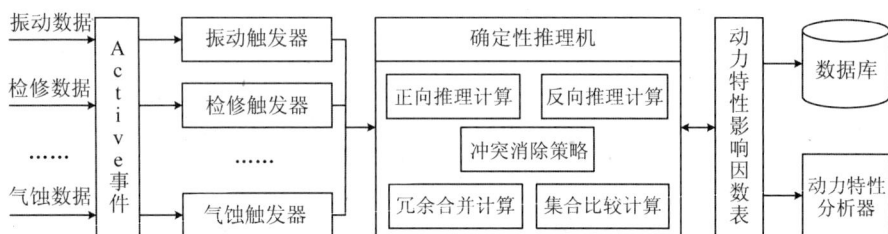

图 6-10 约束条件生成器结构

图 6-10中数据流向用箭头表示,约束条件生成器为从 Active

事件开始到确定性推理机的部分,它将自动启动触发器,依据参数的性质和水头的约束数据进行计算,并采用确定性推理机把计算和分析结果存储到动力特性影响因数表中。在数据存入时的 Active 事件中启动触发器,即当有新增、更改或删除数据时,执行该事件过程的程序段。当有检修、振动或气蚀数据的新增或更新时也将触发该事件,对应的触发器将在事件过程中执行,推理机程序中也编入了触发器。由于新增的数据都是确定性数据,故程序推理为确定性推理,故该推理机由正向推理计算程序、反向推理程序、冲突消除策略程序、冗余合并计算程序和集合比较计算程序等组成。当新增数据在动力特性的影响表中刚好是原数据的补偿或根本不存在时,采用正向推理;当新增数据与动力特性影响表中的数据发生冲突时采用冲突消除程序;当新增数据在动力特性影响表中不冲突时,采用反向推理;当新增数据与动力特性影响表中的数据重复时,采用冗余合并计算程序;当动力特性影响表中的数据集合包含了新增数据集合,则采用集合比较计算程序,最后依据计算结果调整约束条件区域,并将它们存储到动力特性影响表中。

6.5　动态不确定优化调度组件的设计与开发

动态不确定优化调度组件由滚动时窗、时窗优化模件、时窗驱动器和反馈校正器等组成。

6.5.1　滚动时窗

由多组约束模型条件界面窗口组成了滚动时窗,约束模型包括确定和动态不确定两种。在设计开发过程中将这两种约束集成到具有时间性的动态界面中,共同形成了滚动时窗界面。

6.5.2　时窗驱动器

时窗驱动器由事件驱动器和定时器组成。事件驱动器的主要任务是驱动数据库的 I/O 调度触发器。定时器主要用于设定时窗的周期，一般情况可以把一天设定为 24 小时，每 1 个小时为 1 个周期。其工作原理为：首先，由定时器控制事件驱动器，每 1 个时窗周期结束后激发事件，再在事件中启动 I/O 调度触发器，并传输数据到反馈校正器；其次，网络控制系统激发事件驱动器，当机组出现事故引起检修计划改变时，激发事件驱动器和 I/O 调度触发器，同时反馈校正器将重新修订和传输初始化数据给时窗优化模件；再次，当发生瞬时负荷变化时，将在事件驱动器的临时变量中得到标记，而事件驱动器并不马上激发，而在该周期结束时激发；最后，模糊动力特性的改变将不激发事件驱动器。

6.5.3　时窗优化模件

时窗优化模件封装了优化调度的计算方法，全局的最优解虽然不需要搜索，但需要获得局部最优解（在同一时窗内），这样大大减少了计算分析的数据量，将明显提高实时性，同时也符合动态不确定环境下的因果律。

6.5.4　反馈校正器

反馈校正器是在动态不确定环境下开发的模块，否则不能形成闭环的优化调度控制，就不能补偿不确定因素对优化调度的影响[9]。在每个时窗周期开始时反馈校正器主动从数据库中获取初始数据，初始化滚动时窗，被动接受 I/O 调度触发器传输的数据。当反馈校正器接收到 I/O 调度触发器传输来的数据时，它将按照数据的性质修正滚动时窗：① 当改变了模糊动力特性时，修正滚动时窗的计算分析方程式；② 当发生瞬时负荷计划变化时，修正滚动时窗预定的周期负荷；③ 当改变检修计划时，修正滚动时窗的机组组合和运行台数，并要加上机组组合发生改变时的额外耗水量。

6.6　智能决策模块的设计与开发

6.6.1　功能设计

依据水电站厂内经济运行智能决策的要求设计本模块。数据库由数据库管理系统(DBMS)通过 SQL 数据库引擎进行管理，数据库中开发了一系列的触发器，并由 I/O 调度负责数据的协调和统一。在 WEB 应用层中开发了算法集成组件、数据挖掘组件、案例推理组件、多库协调组件、模拟仿真组件等，它们是水电站优化调度智能决策支持系统的核心部件。WEB 应用层通过水电站工程师工作站与决策工作站相连接，通过工作站的软件界面，水电站用户实现了各种功能的实际应用。

除了常规的智能决策支持模块所具备的功能之外，针对现代水电站优化运行的功能要求，一些特殊的功能经过精心设计主要描述如下：

(1) 数据挖掘的功能。海量数据存储在水电站计算机监控数据库中，但数据多不表示知识就丰富。为了解决信息系统中拥有大量数据，而缺乏知识的矛盾，需要通过数据挖掘技术将有用的数据关联形成知识，并存储在知识库中。由数据挖掘组件、数据巡检触发器和人机界面等组成的"数据挖掘机"承担着这项功能。

(2) 多库协调的功能。在常规的智能决策支持模块中知识库独立于模型库而工作，它属于专家系统的一种。当知识库和模型库产生数据冲突时,系统本身将无法协调,影响了优化调度的最优解方案。本系统充分结合数据库技术,开发了基于多库协调组件、多库协调触发器及人机界面组成的"多库协调器",很好地解决了知识库和模型库的信息冲突问题。

(3)模拟仿真的功能。当水电站增容扩容改造时,水轮机的工况往往会发生较大变化,此时案例库需补充针对新改造水电站的运行案例,而模拟仿真功能能及时地仿真工况,获取和补充仿真案例。同时模拟水电站将来可能发生的紧急事故工况,以便用户制定应急预案,使案例库更具适用性和完备性。WEB 应用层和工程师工作站的模拟仿真组件共同承担这一特殊的任务。

(4)案例推理的功能。水电站机组之间的优化调度决策问题是一个复杂的 NP 完全问题(nou-deterministic polynomial),采用单纯的算法不但计算量大,且存在搜索困难等缺点。案例推理技术不需要从头开始计算,它从相似的解决方案开始推理,从而大大减少了计算量,也将更容易获得最优解。由推理组件、入库触发器及人机界面等组成的"案例推理机"承担了该项任务。

(5)算法集成的功能。在水电站优化算法的分析研究过程中,往往一种算法在某个或某一类水电站中有很好的应用适应性,而在另一类水电站中却不一定很理想,因此需要集成多种优化算法或研究新的优化算法。智能决策支持模块作为水电站厂内优化调度的更高层次软件,需要对各类优化算法进行集成,把最新的优化算法研究成果集成到系统中,并在水电站的优化运行中可以根据水电站情况进行灵活选择。

6.6.2 关键技术

此处对一些众所周知的技术如安全加密技术、数据库构建技术、厂内经济运行优化算法等不再累述,以下对该模块研发过程中的深层次关键技术进行论述。

1. 层次化设计技术

为了使系统更具安全性和可维护性,系统采用了层次化设计技术,层次结构设计如图 6 - 11 所示。层的优点在于:① 有利于系统的维护,能使数据传输过程更加清晰;② 具有类似于防火墙和数据隔离的功能,如 WEB 应用层。

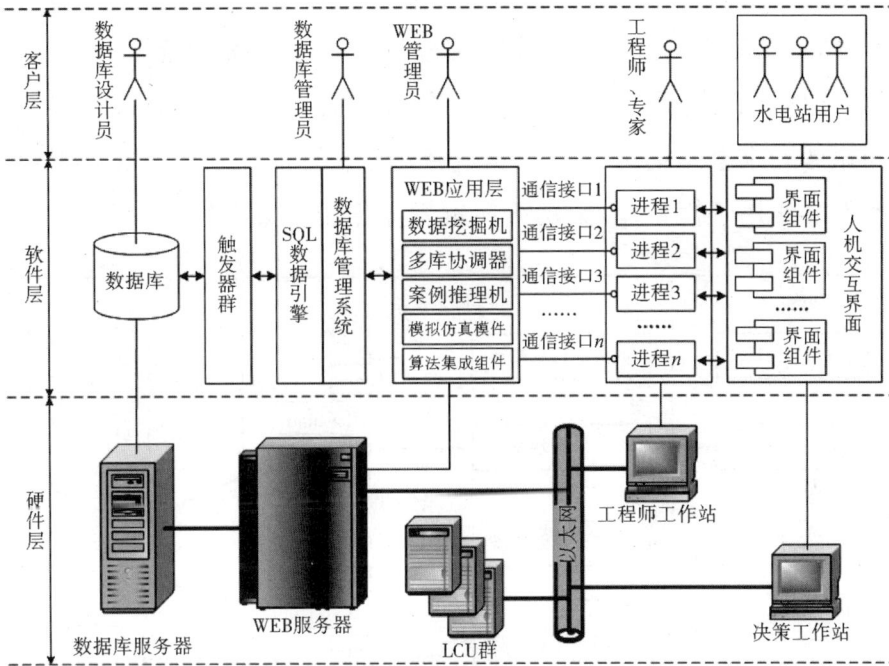

图 6 - 11　层次结构

由图 6 - 11 可知,系统采用客户层、软件层、硬件层的纵向设计,其核心是软件层,系统同时采用了数据库层、数据管理层、触发器层、通信接口层、进程管理层、WEB 应用层、界面组件层等的横向设计。数据库设计的关键是触发器层,触发器设计技术将在下节介绍;WEB 应用层内部的设计其实质也是层的设计,即采用了空间组件化技术,该核心技术也将在后面章节中论述。

2. 触发器设计技术

在 SQL SERVER 中具有功能强大的触发器(TRIGGER),它提供了解决复杂问题的核心技术。本系统触发器群的配置策略如图 6-12 所示。

从图 6-12 可知,本系统设计有 4 个触发器,分别为多库协调触发器(COMUBase Trigger)、模型修正触发器(ModelUpdate Trigger)、数据巡检触发器(DataPolling Trigger)和案例入库触发器(CaseInto Trigger)。多库协调触发器作用于知识库和模型库,数据巡检触发器作用于计算机状态监控数据库(图中的基本库),知识库和水电站动力特性数据仓库(图中的特性仓库),模型修正触发器作用于模型库,案例入库触发器作用于案例库。

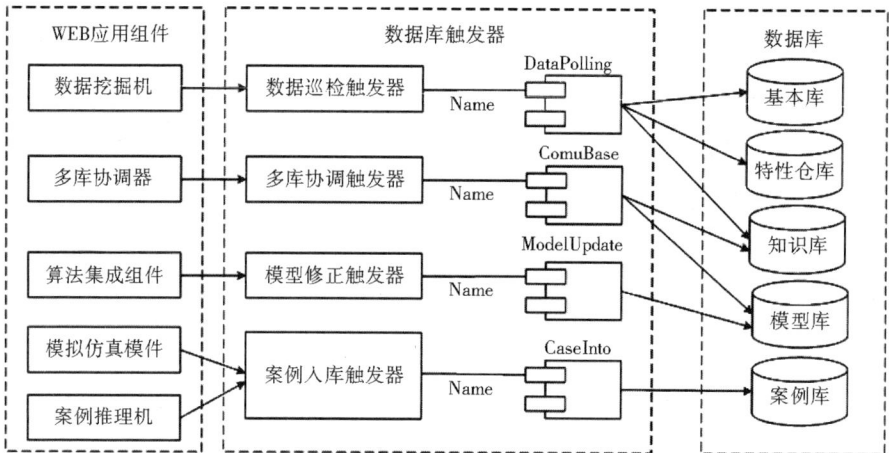

图 6-12 触发器配置策略

(1) 数据巡检触发器。该触发器由数据挖掘组件驱动,用户可以通过界面访问数据挖掘组件,设置触发器的驱动时间、采集水头、驱动周期、采集字段等,其中采集的水头一般为典型水电站机组段水头,也可以根据需要采集和设置非典型机组段水头,而字段包括水轮机机组的出力、流量、效率等。由于数据巡检触发器挖掘基本库的数据,并具有把数据添加到特性仓库和知识库的功能,所以先建立名为"ViewBase"的视图,该视图由特性仓库表、基本数据表和知识库表关联而成。采用"CREATE TRIGGER DataPolling ON ViewBase FOR INSERT,UPDATE AS …"语句在 ViewBase 上创建该触发器,为了保证数据的安全性,FOR 后面只跟 INSERT 和 UPDATE 指令。因此,触发器只具有在特性仓库和知识库中增加与更新数据的功能,而没有删除的功能。

（2）多库协调触发器。该触发器为协调模型库和知识库的数据准确性而设计。当在推理过程中案例推理机需要修改案例时启动该触发器,其工作原理是:首先,依据案例的修改条件,采用"SELECT…FROM…WHERE"语句分别从模型库和知识库中获取数据,当两者数据一致时,采用模型库或知识库数据皆可。但当两者数据不一致时,计算两个数据集合的相似度,通过界面设置数据取用的上限和下限,并遵循以下原则:① 当相似度大于上限时,认为知识库数据对模型库有修正作用,取知识库数据修改案例,并驱动模型修正触发器修正模型库数据。② 当相似度小于下限,认为知识库数据失真,取模型库数据,并删除知识库数据。③ 当在区间上限和下限之间时,采用人机对话界面,由经验手动判别。

（3）模型修正触发器。在模型库数据表的 ModelTable 上采用"CREATE TRIGGER ModelUpdate ON ModelTable FOR UPDATE AS …"语句创建该触发器。该触发器将在下列情况下驱动:① 由在知识库数据可信度大于模型库时驱动多库协调触发器,由知识库数据修正模型库;② 由算法集成组件在优化搜索中获取较优结果时驱动,由优化结果修正模型库;③ 用户通过人机对话界面强行驱动,由用户或专家依据经验数据修正模型库。

（4）案例入库触发器（CaseInto Trigger）。由"CREATE TRIGGER CaseInto ON CaseTable FOR INSERT AS…"语句创建该触发器,其中"CaseTable"为案例库数据表,并规定只在表新增数据（INSERT）操作时触发,以保证案例库的完备性。由模拟仿真模件驱动插入仿真案例,或由案例推理机获得满意推理结果后驱动插入推理案例。

3. 空间组件化技术

VB. NET 的组件封装技术为功能组件化设计提供了更广泛的空间。首先在 WEB. CONFIG 中配置 WEB 组件的总空间,取名为"SDZRunIDDS",然后在空间 SDZRunIDDS 下配置组件化空间 SystemFramSP、DataAccessSP、CommonSP、WEBSP 和 FunctionSP 五个子空间,FunctionSP 子空间下再配置 AlgIntegSPF、DataMiningSPF、CaseReasonSPF、AnalogSPF 和 MutilBaseSPF 孙空间。各空间对应的组件及数据引用关系如图 6-13 所示。

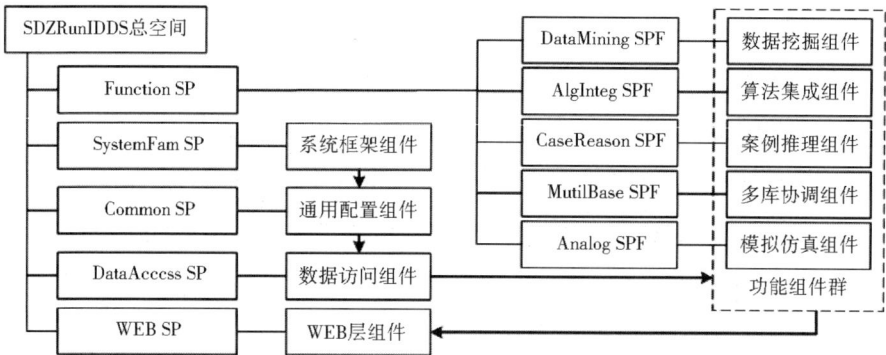

图 6-13　空间化组件关系

图 6-13 中依赖关系采用未带箭头的实线表示,组件的数据引用关系采用带箭头的实线表示。例如,数据引用 . NET 代码和功能组件群的配置空间设计如下:

Imports SDZRunIDDS. SystemFram SP′　引用系统框架组件

Imports SDZRunIDDS. Common SP′　引用通用配置组件

Imports SDZRunIDDS. DataAccess SP′　引用数据访问组件

Namespace SDZRunIDDS. Function SP′　配置功能组件群子空间

Namespace SDZRunIDDS. Function SP. DataMining SPF′　配置组件数据挖掘孙空间

……

```
END Namespace
```

命名空间经过 VB. NET 编译后形成扩展名为 * . DLL 的组件。系统框架组件(SystemFramSP. dll)封装了跟踪类和 WEB 应用程序配置,通用配置组件(CommonSP. dll)封装了各组件数据传递的信息集合,数据访问组件(DataAccessSP. dll)封装了 ADO. NET 数据访问类,WEB 层组件封装了功能组件群的各类属性、过程和函数,其中数据挖掘机的核心功能部件是数据挖掘组件,案例推理机的核心功能部件是案例推理组件,多库协调器的核心功能部件是多库协调组件,而案例库的核心功能部件和人机界面管理模型库则分别是模拟仿真组件和算法集成组件。

6.7　仿真实例分析

本书取甘肃省的刘家峡水电站、山西省的天桥水电站、湖南省的湘祁水电站、北京市的十三陵抽水蓄能电站、浙江省的温州珊溪水电站、浙江省的泰顺仙居水电站等作为仿真案例进行应用研究。

6.7.1　应用策略制定

依据水电站机组段水头和类型不同,在运行调试过程中进行经验研究、分析和总结,制定了相应的应用配置策略,策略配置界面(浙江温州珊溪水电站)如图 6 – 14 所示。

(1)高水头的混流式机组。这类水电站一般为定桨式,机组的效率区较窄,多库协调器工作压力轻,带宽应设置较小,权限可配置为二级;但由于水电站的水头波动范围较大,动力特性的插值运算数据量较大,故数据挖掘机和算法集成组件工作压力大,带宽应设置较大,权限配置可为一级;这类水电站的压力引水管

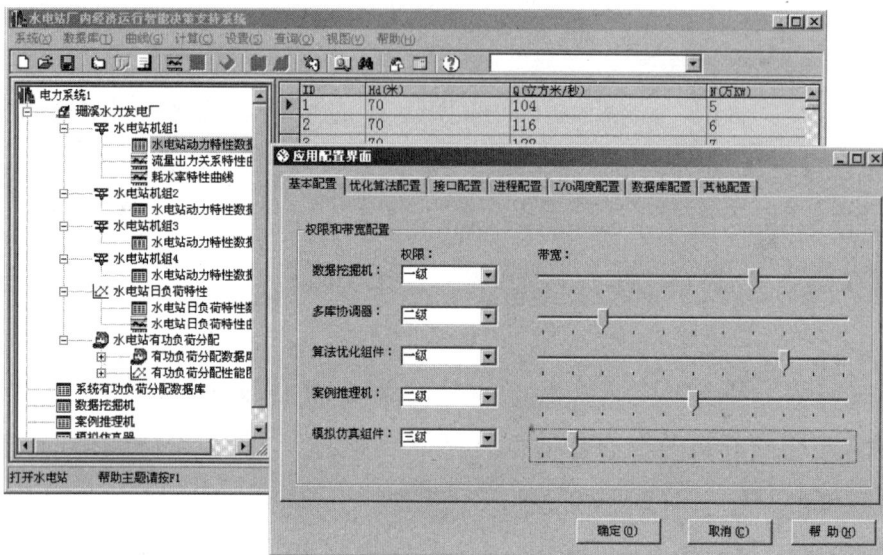

图 6-14　基本配置策略界面

道通常较长,可采用流速仪法、超声波测流法[103,104]等进行真机试验,案例库可集成丰富的案例,案例推理机的工作压力较小,但作为核心部件,带宽应配置为中等、权限可配置为二级。由于案例库比较完备,模拟仿真组件工作压力很轻,带宽可配置低等、权限可配置为三级。

(2)中低水头的轴流式机组。这类水电站一般为转桨式,机组的效率区较宽,多库协调器工作压力大,带宽应设置较大,权限可配置为一级;但水头波动范围较小,动力特性的插值运算数据量较小,算法集成组件和数据挖掘机工作压力小,带宽应设置较小,权限可配置为三级;这类水电站一般采用模型试验数据,案例库不完备,这增大了模拟仿真组件和案例推理机工作压力,案例推理机应配置较大带宽,权限可配置为一级;模拟仿真组件可配置为中等带宽、权限可配置为二级。

(3)抽水蓄能水电站机组。这类水电站工况复杂,既有发电工况又有抽水工况,就发电工况而言,该工况下其约束条件要联合火电、水电和电力系统的约束条件一起考虑,故算法集成组件工作压力大,带宽应配置较大,权限可配置为一级;案例推理机作为重要部件可配置为中等带宽、权限可设置为二级,其他可配置较小带宽、权限可配置为三级。

(4) 河床贯流式水电站或农村水电站。这两类水电站的工况都较简单,机组台数较少,优化维数少,算法集成组件工作压力小,带宽应配置较小,权限可配置为三级。但这两类水电站大多未进行或无法进行真机试验,案例库和知识库皆不完备,模拟仿真组件和数据挖掘机的压力很大,应配置较大带宽、权限可配置为一级。案例推理机、知识库、案例库、模型库可依据实际的优化调度复杂程度进行设置,一般配置中等带宽、权限配置为二级。

6.7.2　系统在各水电站的仿真实例

1. 刘家峡水电站

刘家峡水电站在前面实例分析中已经有很多介绍,此处仅仅提供几个主要界面供参考。刘家峡水电站♯5动力特性分析界面如图 6-15 所示,刘家峡水电站某日机组有功负荷优化分配界面如图 6-16 所示。

2. 天桥水电站

天桥水电站位于山西保德境内,水电站装有 4 台轴流转浆式水轮发电机组,其中 1、2 号水轮机组(ZZ105-LH-530)的限制出力为30 万 kW,3、4 号水轮机组(KVB37-10)的限制出力为 38 万 kW。依据天桥水电站的水轮机运转综合特性曲线(如 1 号机组的运转综合特性曲线参见附录 F)获取模糊水电站的水轮机组已进行超声波测流试验,这为天桥水电站实施水电站厂内优化调度奠定了坚实的基础。图 6-17 为天桥水电站♯1 动力特性分析界面,图 6-18 为天桥水电站某日机组有功负荷优化分配界面。

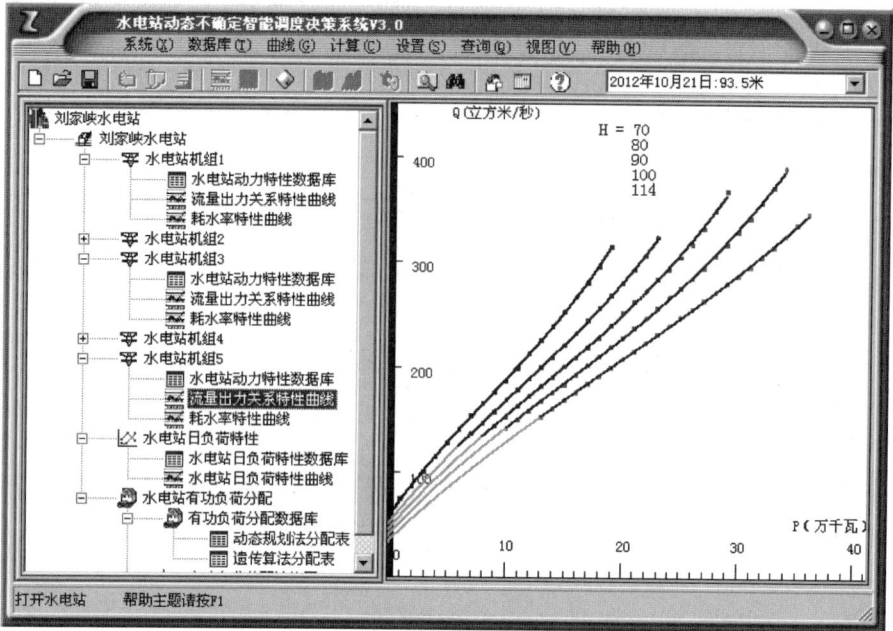

图 6-15　刘家峡水电站#5动力特性分析界面

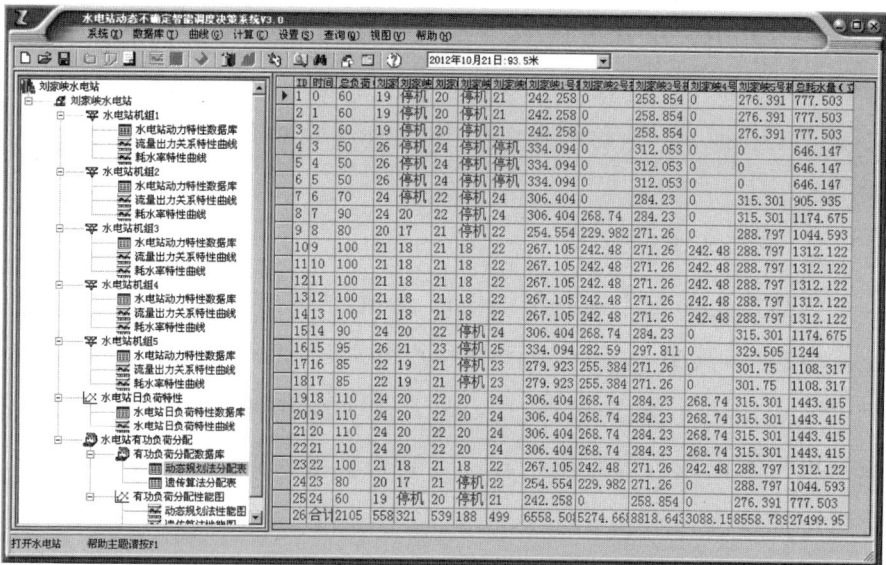

图 6-16　刘家峡水电站某日机组有功负荷优化分配界面

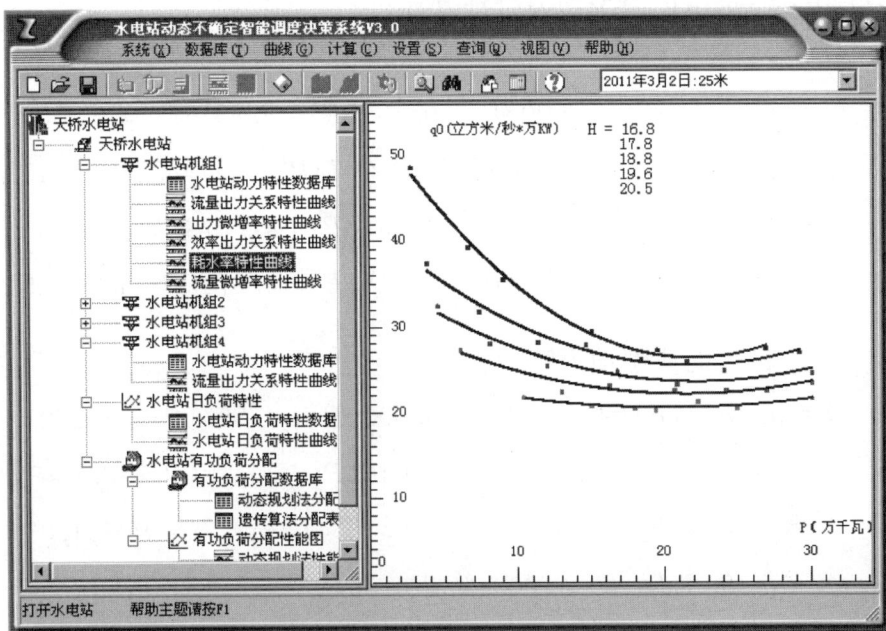

图 6-17　天桥水电站♯1 动力特性分析界面

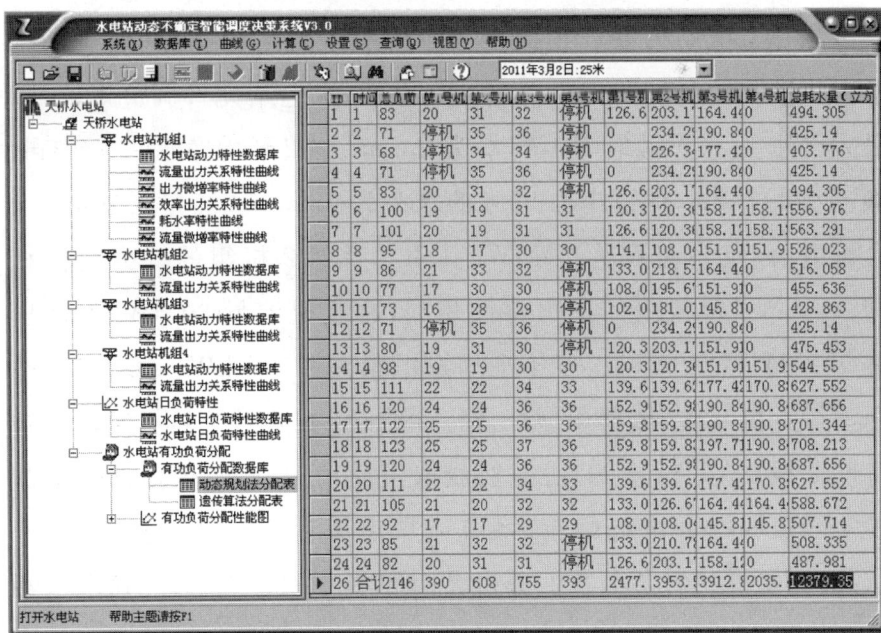

图 6-18　天桥水电站某日机组有功负荷优化分配界面

#1、#2号机组的典型动力特性方程：

$$Q_1 = f(16.8, P) = 0.0022P^3 - 0.0389P^2 + 6.3685P + 25.9736$$

$$Q_2 = f(17.8, P) = 0.0005P^3 - 0.0315P^2 + 5.2546P + 23.7353$$

$$Q_3 = f(18.8, P) = -0.0004P^3 - 0.0672P^2 + 4.4727P + 21.4028$$

$$Q_4 = f(19.6, P) = 0.0003P^3 - 0.0378P^2 + 4.43737P + 18.6607$$

$$Q_5 = f(20.5, P) = 0.0007P^3 - 0.0185P^2 + 4.2745P + 15.5586$$

#3、#4机组的典型动力特性方程：

$$Q_1 = f(16.8, P) = 0.0012P^3 - 0.0059P^2 + 4.8971P + 34.2701$$

$$Q_2 = f(17.8, P) = 0.0002P^3 + 0.0461P^2 + 3.7794P + 28.3661$$

$$Q_3 = f(18.8, P) = -0.0001P^3 + 0.0654P^2 + 2.8364P + 24.0301$$

$$Q_4 = f(19.6, P) = -0.0001P^3 + 0.0645P^2 + 2.4291P + 18.5469$$

$$Q_5 = f(20.5, P) = 0.0002P^3 + 0.0578P^2 + 2.0498P + 14.701$$

3. 湘祁水电站

湘祁水电站为湘江干流十一个梯级开发的第六级,位于湖南省永州市祁阳县和衡阳市祁东县交界处,水电站为日调节水电站,最大净水头 8.9m,最小工作水头 2.5m,加权平均净水头 7.91m,额定水头 7.2m,保证率为 90% 的水头为 6.90m。湘祁水电站有 4 台机组,额定容量都为 20MW,其中#1、#2 机组的动力特性相同,#3、#4 台机组的动力特性相同,总装机容量 80MW,保证出力 9.0MW($P = 90\%$),多年平均发电量 3.18 亿 kW·h。水电站未进行真机试验,依据模型综合特性曲线(参见附录 G)、运转综合特性曲线(参见附录 H)等曲线获取模糊动力特性,依据计算机监控实际数据挖掘进行修正,系统流量出力动力特性如图 6-19 所示,湘祁水电站日负荷特性分析界面如图 6-20 所示,湘祁水电站某日机组有功负荷优化分配界面如图 6-21 所示。

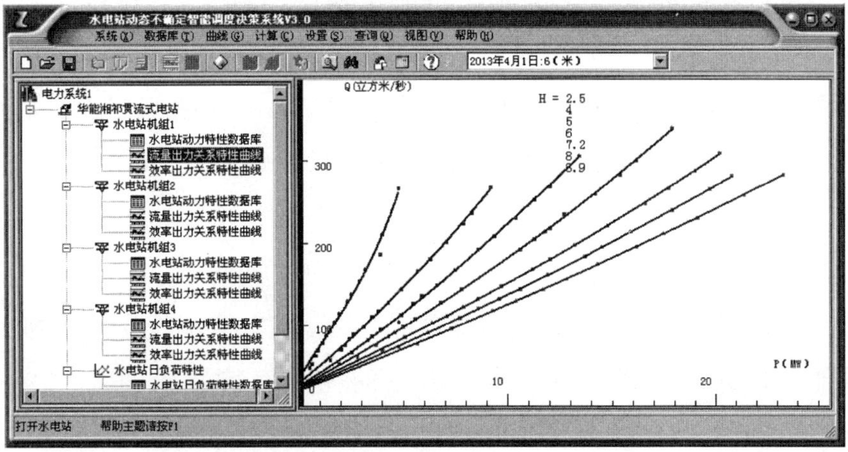

图 6-19　湘祁水电站♯1 动力特性分析界面

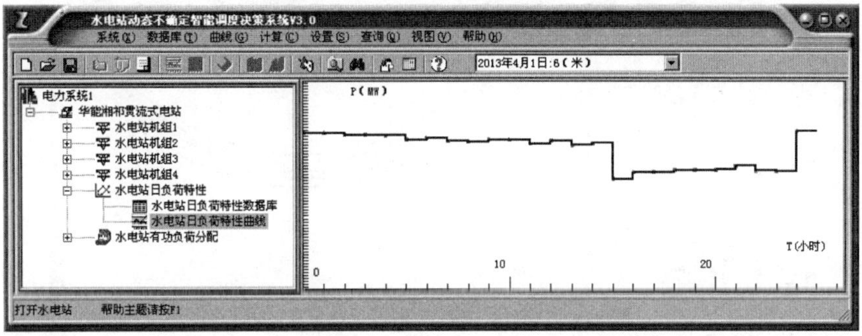

图 6-20　湘祁水电站日负荷特性分析界面

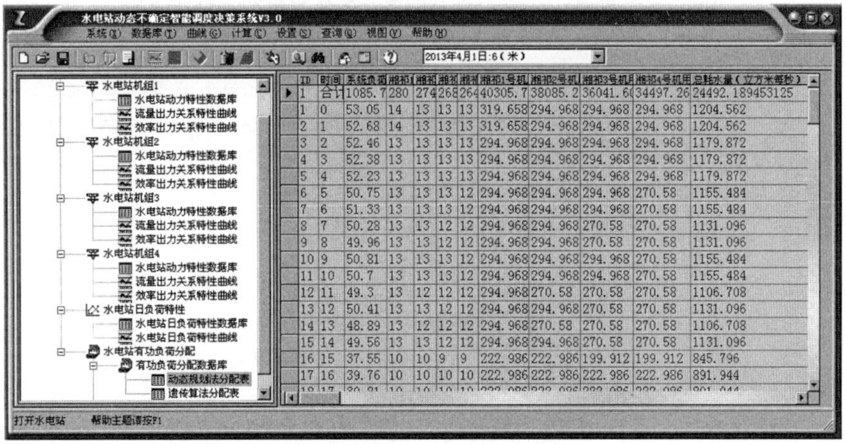

图 6-21　湘祁水电站某日机组有功负荷优化分配界面

可以将湘祁水电站的实际负荷结果(某日的实际调度生产日报表参见附录Ⅰ)与优化调度后的结果相比较和计算,实践证明可以提高效益2%左右。同时系统可以和该水电站的闸门(16个闸门)的优化调度系统相结合,获得更高的优化调度效益。

4. 北京十三陵抽水蓄能电站

北京十三陵水电站在第5章已经作为仿真例子进行了系列分析与研究,该水电站是抽水蓄能电站,在决策支持配置中按照抽水蓄能电站进行配置。抽水蓄能电站的耗水率特性如图6-22所示,某日机组有功负荷优化分配界面如图6-23所示。

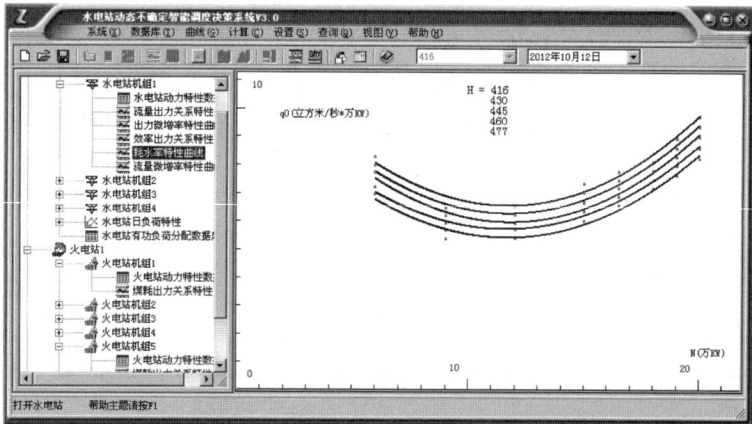

图6-22 北京十三陵抽水蓄能电站某日机组动力特性界面

图6-23 北京十三陵抽水蓄能电站某日机组有功负荷优化分配界面

5. 浙江省温州市珊溪水电站

该系统在浙江省温州市飞云江上游某引水式水电站安装应用,该水电站为高水头水电站,安装有 4 台混流式水轮发电机组,总装机 200MW,多年平均发电量 3.55 亿 kW·h 时。该水电站于 2010 年 6 月实施完成水电站厂内经济运行智能决策支持系统,通过历史数据的优化比较,该智能决策系统能够起到节约宝贵的水能资源、提高水电站发电效益和综合自动化水平的作用。

先通过水位库容特性曲线(参见附录 J)、模型特性曲线、运转综合特性曲线、引水管道损失特性曲线、发电机效率特性曲线等,获取模糊流量出力特性关系数据(参见附录 K)。由于水电站机组台数较少,算法组件可以配置为时空动态规划法。该水电站的限制出力线上限为 5 万 kW,下限为 3.5 万 kW。以该水电站 2010 年 1 月为研究对象,把一天的时间分为 24h,通过数据挖掘机可以挖掘到水电站计算机监控历史数据库中的各台机组的小时流量和出力并存储到知识库中,例如,1 号机组在某日的流量出力如表 6-1 所示,该日的平均水头为 84.17m,表中为 1 号机组实际运行的流量和出力。

表 6-1　水电站某日 #1 机组的流量出力

时　　间	小时平均流量	小时平均出力
2010-01-07 00:00	62.512	49.79
2010-01-07 01:00	26.851	10.74
2010-01-07 02—07:00	0	0
2010-01-07 08:00	16.875	16.53
2010-01-07 09:00	64.075	49.96
2010-01-07 10:00	62.786	49.88
2010-01-07 11:00	65.408	50.06
2010-01-07 12:00	58.108	49.83

续　表

时　　间	小时平均流量	小时平均出力
2010 - 01 - 07 13:00	64.144	49.97
2010 - 01 - 07 14:00	37.331	16.66
2010 - 01 - 07 15:00	0	0
2010 - 01 - 07 16:00	0	0
2010 - 01 - 07 17:00	0	4.11
2010 - 01 - 07 18:00	56.256	49.7
2010 - 01 - 07 19:00	68.32	49.96
2010 - 01 - 07 20:00	59.265	49.91
2010 - 01 - 07 21:00	59.28	49.95
2010 - 01 - 07 22:00	59.302	49.93
2010 - 01 - 07 23:00	53.979	50.03

　　在知识库相对完备的情况下，充实模型库。模型库在设定发电机组总小时平均出力一定时，采用算法组件的优化算法进行优化。为了保证机组的安全运行，负荷分配时应该避开各台机组的汽蚀和振动区，并要考虑各台机组的出力限制和检修状态，对常规的数学模型进行优化，优化后的结果界面如图 6 - 24 所示。

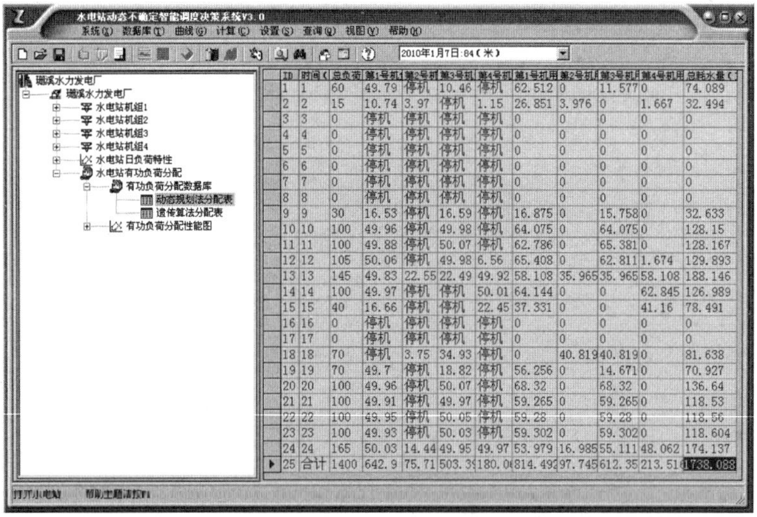

图 6 - 24　珊溪水力发电厂某日机组有功负荷优化分配界面

本章小结

　　本章重点论述了水电站动态不确定智能调度决策系统的设计与开发,包括数据库与各个模块的开发实现,并简单例举了在各个水电站的应用。水电站动态不确定智能调度决策系统经过多轮的升级,已成为国内一款较成熟的专业化应用软件,并在多个水电站中推广应用,今后也将在不断的应用实践中完善与升级。

第7章 结论与展望

7.1 结 论

本书重点研究了水电站动态不确定优化调度模型及其决策系统的开发与实现。笔者通过长期的研究与积累,收集了大量的工程现场资料。在此基础上主要开展了以下一些工作。

7.1.1 本书所做的工作

(1)从水电站机组的动力特性基本原理出发,分析研究了有实测数据和无实测数据情况下的动力特性数据获取,尤其是无实测数据情况下,研究如何通过模型特性资料获取模糊特性数据及其如何处理和优化数据,研究如何通过现有计算机监控系统的实际运行数据,实时修正模糊动力特性数据,使数据更加合理与趋于准确。研究如何通过计算机技术获取动力特性方程及其存储策略。

(2)从分析影响水电站优化运行的动态不确定因素出发,提取了重要的不确定因素,建立和表达了确定性约束组和不确定性约束组。结合正常开停机耗水,建立了空间和时间优化表达式,分析了日负荷计划的瞬变,最终建立了水电站动态不确定优化调度模型。同时,研究了动态不确定优化调度模型的计算机实现方法,建立了动态不确定预测控制模型及其相关实现。

（3）为了适应和求解水电站动态不确定优化调度模型，改进了传统的动态规划法和遗传算法，实现了基于时空动态规划法的递推求解，实现了基于螺旋法向逼近遗传算法的快速求解，不但使算法适应了水电站动态不确定优化调度模型，而且提高了算法的实时性。同时通过实例比较，说明两种算法的优缺点，为实际应用中优化算法的选择提供决策依据。

（4）研究了抽水蓄能电站的动态不确定优化调度问题，丰富了水电站动态不确定优化调度模型的应用范畴，拓展了后续智能决策系统的水电站应用类型。同时研究了基于螺旋法向逼近遗传算法的抽水蓄能电站动态不确定优化调度模型求解与效益计算，并通过实例进行说明。

（5）对动力特性分析方法、动态不确定优化调度模型、智能决策及优化算法进行计算机模块化设计与开发，建立了由动力特性数据库、环境预测数据库、知识库、模型库、案例库等组成的数据库系统，实现了企业版的专业化集成软件，开发了客户端，制定了智能决策平台，并在多种类型的水电站中推广与应用。

7.1.2 本书得出的几点结论

1. 从模型试验资料获取动力特性方程的方法是科学、有效和可行的

通过对水轮发电机组进行原型试验获取水电站机组的动力特性的方法是一种传统的方法，但是国内能够有条件开展原型试验的水电站不多。基于此现状，本书从模型试验资料出发，通过获取机组模糊动力特性数据，进行一系列技术手段如"质心法"的数据处理、最小二乘法的多项式方程拟合、"指数衰减"的实时修正等的数据处理、"可拓神经网络训练法"的全局动态修正等。先建立典型机组段水头下的动力特性方程，再通过插值运算建立非典型机组段水头下的动力特性方程,并结合现代计算机存储技术,建立了动力特性数据存储策略。研究结果和实践应用表明,从模型试验资料出发通过系列技术手段获取水电站机组动力特性方程方法是科学、可行和有效的,这为后续开展基于动态不确定模型的优化调度研究打下了坚实基础。

2. 建立的水电站动态不确定优化调度模型更加符合水电站厂内优化运行实际

传统的水电站厂内优化调度模型是一种确定性模型,趋于理想化且不符合水电站运行的实际。水电站的实际运行过程复杂多变,本书从实际运行的动态不确定因素中提取了模糊动力特性、不确定检修计划和日负荷计划瞬变三大重要的不确定影响因素,结合电力平衡、负荷区间限制、气蚀、振动等区域约束建立了水电站动态不确定优化调度模型,通过计算机技术的表达实现和预测控制理论的应用。实践结果表明,该模型大大改善了传统模型理想化状态,使之更加符合水电站厂内优化运行的实际。

3. 时空动态规划法和 SVGA 算法适合对动态不确定优化调度模型进行求解

基于确定性模型的水电站有功负荷分配求解方法很多,但都不适合动态不确定条件下的优化调度模型求解。本书将传统的动态规划法和遗传算法进行了系列改进,建立了适应动态不确定优化调度模型求解的时空动态规划法和 SVGA 算法。实践应用结果表明,两种方法都是科学、有效和可行的,且两种方法各有优缺点,可以形成互补。

4. 对动态不确定优化调度模型进行改进同样适用于抽水蓄能电站的优化调度

抽水蓄能电站是一种特殊水电站,它处于大电力系统中会受到更多的确定性和不确定性约束。通过对上述普通水电站所建立的动态不确定优化调度模型进行改进,使之适应于抽水蓄能电站的动态不确定优化调度问题。应用结果表明,基于 SVGA 算法的动态不确定优化调度决策能提高抽水蓄能电站的优化调度效益。

5. 水电站动态不确定智能调度决策系统是一款值得广泛推广的专业型产品

水电站动态不确定智能调度决策系统的成功开发,对上述系列研究进行模块化实现和系统化集成并形成产品。在多个不同类型的水电站进行推广应用结果表明,该产品通用性强,能够适用于高水头混流式电站、中低水头的轴流式电站、超低水头的河床贯流式电站、小型的农村水电站以及抽水蓄能电站等,且都能提高水电站优化调度效益 2%～5%。因此,该系统是一款值得广泛推广的专业型产品,已连续三年(2012、2013、2014 年)成功列为浙江省水利科技先进适用产品。

7.2　展　望

7.2.1　理论方面

1. 进一步加强动力特性分析与理论研究工作

对于典型动力特性分析与研究,虽然进行了一系列如"质心法"、最小二乘多项式拟合法、"指数衰减"实时修正法等数据处理方法的研究与应用,但是需要进一步丰富数据处理方法。例如,除了"质心法"之外,进一步研究其他的离散数据处理方法,或把其他领域的成功方法引入该研究领域;在动力特性方程获取方面,除了多项式拟合之外,也可以探讨双曲拟合、对数拟合、指数拟合等;在数据实时修正方面,除了"指数衰减"方法和可拓神经网络算法之外,可以进一步研究其他方法,如可拓数据挖掘与实时修正处理等。对于非典型动力特性分析与研究方面,除了采用样条线性插值运算之外,可以研究非线性插值,如多项式插值、分形插值、曲面插值等。

2. 进一步加强动态不确定优化调度模型的研究工作

水电站在实际运行过程中,涉及的动态不确定影响因素很多,本书仅仅研究了模糊动力特性、不确定检修计划和日负荷计划瞬变等重要的动态不确定影响因素,而对其他的动态不确定影响因素进行忽略,因此接下来需要进一步加强分析研究,对其他次重要的,甚至非重要的动态不确定影响因素考虑到模型的建立过程。另外,在本书的动态不确定优化调度模型建立过程中,除了传统的约束条件之外,考虑了气蚀、振动等区域约束,下一步需要针对水电站的实际运行情况,进一步将机组的机械约束、电气约束、控制约束等集成到模型之中,使模型的适应度进一步提高。

3. 进一步加强动态不确定优化调度模型求解算法的研究工作

本书虽然针对所建立的动态不确定优化调度模型,改进了动态规划法和遗传算法,建立了适应动态不确定优化调度模型求解的时空动态规划法和SVGA算法,但对其他算法如粒子群算法、神经网络算法等未进行改进和研究,下一步需要加强研究和比较,进一步丰富求解方法的种类,并集成到算法模块和决策系统之中。

4. 进一步加强动态不确定优化调度模型的改进研究工作

本书针对抽水蓄能电站改进了动态不确定优化调度模型,使之适应了一种特殊类型的水电站,接下来需要进一步加强模型的改进研究工作,使之能够适应潮汐水电站、冲击式水电站以及其他特殊类型的水电站。

7.2.2　实践方面

1. 不断升级水电站动态不确定智能调度决策系统的企业型版本

不断地把水电站动力特性分析、动态不确定优化调度模型改进、算法改进等理论研究成果,进行基于计算机软件技术的程序实现并集成到系统功能之中。同时在实践应用过程中,不同的水电站将有不同的实际情况,系统的应用过程实质上也是系统不断调试、完善和升级的过程。在实践中不断完善和升级水电站动态不确定智能调度决策系统版本,使之继续走在该领域技术发展的前沿。

2. 不断加强各种计算机技术在系统中的实时功能实现与应用

随着时代的发展,计算机技术也在不断地发展,数据挖掘技术、数据存储技术、数据库技术、网络接口技术等都是支持本系统不断发展而不可缺少的技术。本系统的动力特性数据挖掘与实时修正、决策案例的实时控制与优化调度、监控系统数据库与系统数据库的无缝对接等方面需要进一步加强研究,进一步提升系统的各种实时性功能。

3. 不断加强水电站动态不确定智能调度决策系统的推荐应用

通过各种推广平台如浙江省水利科技推广中心、水利部水利科技推广中心、电力新技术新产品推广公司等,积极推广产品的实践应用。在实践中发现问题、在实践中分析问题、在实践中研究问题、在实践中解决问题、在实践中总结问题,只有这样才能保证系统产品的持久生命力。

符 号 说 明

P_r：水电站水轮机组的输入功率；

P：水电站水轮机组的输出功率；

ΔP：水电站水轮机组的功率损失；

E_r：水电站系统的输入能量；

E：水电站系统的输出能量；

ΔE：水电站系统的能量损失；

η：水电站水轮机组的发电效率；

q_0：水电站水轮机组的耗水率；

$\dot{q}$：水电站水轮机组的耗水量微增率；

H：水电站水轮机组的工作水头；

Q：水电站水轮机组的工作流量；

H_r：水电站的毛水头或输入水头；

Z_u：水电站的上游水位；

Z_d：水电站的下游水位；

H_d：机组段水头；

H_t：水轮机水头；

ΔH_c：引水建筑物中的水头损失；

$\Delta H_c{}'$：压力引水管中的水头损失；

ΔH：引水建筑物和压力引水管道中的总水头损失；

A：压力引水管道损失系数；

η_d：发电机效率；

$f_H(P)$：水头为 H 时的流量功率特性曲线多项式；

$f_i(P)$：水头为 H_i 时流量特性曲线多项式；

i：机组的编号，$i = 1, 2, \cdots, n$；

n：水电站机组的总台数；

$P_{\min}$：水电站某机组的最小出力约束；

$P_{\max}$：水电站某机组的最大出力约束；

$H_d[P_{\min}, P_{\max}]$：水电站某机组在机组段水头为 H_d 的情况下的振动出力约束或气蚀出力约束域；

t：水电站机组运行的时间；

W_{on}：水电站某机组的开机耗水量；

W_{off}：水电站某机组的停机耗水量；

W_z：水电站某机组的开停机设备损耗折合消耗水量；

R：水电站某机组的约束域；

T：短期调度的周期，一般为 1h；

$W(i)$：第 i 号机组在时窗内的开停机耗水；

W_s：检修计划改变引起的耗水；

v：检修的机组号；

P_h：日计划的负荷；

P_s：瞬时给定的负荷；

w_s：实际运行的耗水量；

w_0：当日的优化耗水量；

γ：日优化效益；

P_k：动态规划法的出力状态变量；

S_k：每台机组的出力集合；

$WF(t, A)$：动态规划法的 t 时段 A 组合下的发电总用水量；

WZ_t：动态规划法从 $(t-1)$ 时段到 t 时段之间的状态转换

损失；

　u：机组开停机状态；

　l：遗传算法的基因编码长度；

　$g(X)$：SVGA 算法的螺旋函数；

　s：SVGA 算法群体中的个体；

　X：SVGA 算法由待优化变量的实际值组成的矢量；

　α：SVGA 算法的动量因子；

　ζ：SVGA 算法的变异权系数；

　ε：SVGA 算法的设定收敛阈值；

　X^t：SVGA 算法的第 t 个个体中待优化的参数；

　$g(X^t)$：SVGA 算法的适应值函数在点 X^t 的螺旋法向逼近函数；

　$C(t)$：SVGA 算法的惩罚函数；

　σ：SVGA 算法的惩罚因子；

　$F(Q)$：SVGA 算法的适应值函数；

　$F(x)$：SVGA 算法的替代 x 次时的适应值；

　x：SVGA 算法的迭代次数；

　ε：SVGA 算法的收敛精度；

　S：电力系统的日运行费用；

　F_t：电力系统的固定运行费；

　R_t：电力系统的燃料费；

　$P_{ss}(t)$：抽水蓄能电站的出力；

　S_D：抽水蓄能电站的动态效益；

　S_{d1}：抽水蓄能电站的旋转备用动态效益；

　S_{d2}：抽水蓄能电站的调频动态效益；

　E_1：抽水蓄能电站的旋转备用容量；

　f：电力系统的平均煤价；

b：抽水蓄能电站机组调峰时标准煤耗；

b_0：火电站的基荷煤耗率；

b_1：火电机组压荷时的煤耗率；

b_2：汽轮机启动时的燃料消耗率；

n_2：抽水蓄能电站的日启动或升荷次数；

V：抽水蓄能电站水泵水轮机的启动空载水量消耗；

n_H：抽水蓄能电站水泵水轮机的日启动次数；

f_1：电力系统的平均电价；

Y：抽水蓄能电站的调峰速度滞后损失；

α_T：调峰火电故障停机率；

α_H：普通水电站故障停机率；

R_t：电力系统各时段的燃料费用；

Z：抽水蓄能电站的上库水位；

$S1$：抽水蓄能电站的蓄水量；

PF_{min}：抽水蓄能机组的最小出力；

PF_{max}：抽水蓄能机组的最大出力；

PC_{min}：抽水蓄能机组的最小入力；

PC_{max}：抽水蓄能机组的最大入力；

$P_{i,min}$：火电机组的技术最小出力；

$P_{i,max}$：第 i 组火电机组的技术最大出力；

PD_{max}：电力系统典型负荷日的日最高负荷；

NSR：电力系统总旋转备用容量；

PL：电网的功率损失；

φ：改进 SVGA 算法的扰动系数；

Y^*：改进 SVGA 算法的当前最优解的映射向量；

Y_k：改进 SVGA 算法的替代 k 次后的模糊向量；

Y_k：改进 SVGA 算法施加了随机扰动后的模糊向量。

附　录

附录 A　甘肃刘家峡水电站♯1机组修正流量出力动力特性关系表

单位：水头（m）、出力（MW）、流量（m³/s）

P\Q\H	70	75	80	85	90	95	100	105	110	114
5	104	99	95	91	86	83	81	79	75	73
6	116	109	104	100	98	93	91	87	83	81
7	128	121	114	110	107	102	99	97	92	89
8	141	134	125	120	116	111	107	103	100	93
9	154	143	136	130	125	120	116	111	109	106
10	167	156	147	140	134	127	123	120	118	114
11		168	159	151	145	139	133	129	126	123
12		181	171	162	155	149	142	138	135	129
13		194	182	174	164	158	152	147	134	139
14		207	196	185	174	168	161	156	143	148
15		218	208	195	186	178	171	165	151	157
16			202	196	188	180	172	159	164	
17			218	207	198	190	182	168	172	
18			229	218	208	199	191	176	181	
19			242	228	218	208	200	185	189	
20			256	240	227	219	209	194	197	
21				254	238	229	218	203	203	
22				270	251	239	228	210	211	
23				285	262	249	237	218	221	
24				304	275	259	246	227	230	
25					290	272	268	236	238	
26						282	280	245	248	
27							296	294	256	257
28							305	305	266	268
29								321	277	278
30									288	287

附录 B 甘肃刘家峡水电站♯2、♯4机组修正流量出力动力特性关系表

单位：水头（m）、出力（MW）、流量（m³/s）

P\Q\H	70	75	80	85	90	95	100	105	110	114
0	59	45	40	37	37	37	36	35	35	35
1	71	57	52	48	48	47	46	44	44	44
2	83	71	64	60	58	57	56	54	53	53
3	95	82	76	71	69	67	66	63	62	62
4	107	95	88	82	79	77	75	73	71	71
5	119	107	100	94	90	88	85	82	81	80
6	131	119	111	105	101	98	95	91	90	88
7	143	132	123	116	111	108	104	101	99	97
8	155	144	135	127	122	118	114	110	108	106
9	166	156	146	139	132	128	124	120	117	115
10	180	170	159	150	143	138	134	129	126	124
11	195	182	171	161	154	148	143	138	135	133
12	209	195	184	173	165	158	153	148	144	143
13	222	209	195	184	176	168	164	157	153	151
14	234	220	207	195	187	178	174	166	162	160
15	249	232	219	207	197	189	181	175	170	168
16		245	231	218	208	198	191	184	179	176
17		259	242	229	218	200	200	193	187	184
18		277	257	241	228	210	210	202	196	191
19			271	252	239	220	220	211	204	200
20			287	266	251	229	229	220	213	208
21				284	263	238	238	229	221	216
22				310	278	247	247	238	230	224
23					296	258	258	247	238	231
24					320	269	269	257	248	241
25						282	282	266	256	248
26						298	298	278	266	257
27						320	320	288	276	266
28									287	276
29									301	288
30									315	300

附录 C　甘肃刘家峡水电站♯3 机组修正流量出力动力特性关系表

单位：水头（m）、出力（MW）、流量（m³/s）

P\Q\H	70	75	80	85	90	95	100	105	110	114
0	64	60	55	53	51	49	48	47	45	45
1	75	72	68	66	64	63	62	61	60	60
2	85	82	79	77	74	73	73	72	71	71
3	96	93	89	87	87	83	83	83	81	81
4	108	103	98	96	94	93	93	93	91	91
5	119	114	108	106	104	103	102	102	101	101
6	130	125	119	115	113	111	111	111	110	109
7	141	136	129	124	122	120	120	119	118	117
8	152	145	139	134	132	130	129	128	126	125
9	164	156	150	145	142	140	138	137	135	134
10	176	168	161	156	151	149	146	145	143	142
11	189	178	171	165	160	157	154	153	151	150
12	202	189	182	174	169	167	161	160	158	158
13	215	201	192	184	178	174	169	167	164	164
14	228	213	202	194	187	182	177	174	171	171
15	243	226	213	203	196	191	185	181	178	177
16		239	224	214	205	199	193	189	186	182
17		253	235	224	215	207	201	196	192	190
18			247	235	224	215	210	203	199	196
19			263	246	234	224	217	211	207	203
20				258	244	234	225	219	213	209
21				273	254	243	234	226	221	217
22					267	253	243	235	229	224
23					283	264	252	243	235	232
24					299	277	262	251	243	139
25						293	272	260	252	247
26							285	269	260	254
27							301	280	270	262
28								295	281	269
29									291	276
30									302	284

附录 D　甘肃刘家峡水电站♯5机组修正流量出力动力特性关系表

单位：水头(m)、出力(MW)、流量(m³/s)

P\Q\H	70	75	80	85	90	95	100	105	110	114
0	56	53	51	48	46	43	41	39	36	35
1	75	70								
2	87	83								
3	101	96								
4	115	108								
5	128	121								
6	141	133								
7	154	145	137							
8	166	156	147	140						
9	176	167	158	150	144					
10	187	177	169	161	153	147	142			
11	199	188	179	172	163	155	150			
12	213	199	189	181	173	164	159			
13	226	211	200	191	182	172	168	163	158	153
14	239	223	210	200	191	182	176	170	165	161
15	253	236	220	210	201	192	184	179	174	169
16	265	249	233	220	210	201	193	186	181	177
17	281	262	245	231	219	211	202	194	189	185
18	269	275	257	243	219	219	211	203	197	192
19	315	288	269	255	240	229	220	211	205	200
20		301	281	266	252	239	229	220	212	208
21		318	293	276	263	248	238	229	221	216
22			307	287	273	259	247	238	229	224

续　表

$P\backslash Q\backslash H$	70	75	80	85	90	95	100	105	110	114
23			324	299	284	269	258	247	238	234
24				313	294	280	267	256	246	240
25				328	305	289	276	265	255	248
26					317	300	285	273	263	256
27					332	311	295	282	271	264
28					349	324	306	291	280	272
29					368	337	317	301	288	280
30						352	329	311	297	288
31						368	342	322	307	296
32						387	357	334	317	305
33							372	347	327	315
34							390	360	339	325
35								374	351	336
36								390	364	347

附录 E 京津唐电力系统与十三陵抽水蓄能电站联合优化调度的火电站煤耗率表

时段	时间	负荷	1#	2#	3#	4#	5#	6#	1#耗煤量(t)	2#耗煤量(t)	3#耗煤量(t)	4#耗煤量(t)	5#耗煤量(t)	6#耗煤量(t)	总耗煤量(t)	总耗煤费用(元)
1	7	146	2	2	40	60	24	13	18.8	18.80	140.488	221.72	88.014	63.91	514.132	86888.31
2	8	152	2	2	46	60	24	13	18.80	18.80	166.092	221.72	88.014	63.91	539.736	91215.38
3	9	165	2	2	60	60	24	17	18.80	18.80	221.72	221.72	88.014	59.75	591.204	99913.48
4	10	166	2	2	60	60	24	18	18.80	18.80	221.72	221.72	88.014	63.91	595.364	100616.52
5	11	163	2	2	60	60	22	17	18.80	18.80	221.72	221.72	79.836	59.75	583.026	98531.39
6	12	144	2	2	38	60	24	18	18.80	18.80	131.964	221.72	88.014	63.91	505.608	85447.75
7	13	140	2	2	34	60	24	18	18.80	18.80	115.136	221.72	88.014	63.91	488.78	82603.82
8	14	150	2	2	44	60	24	18	18.80	18.80	157.586	221.72	88.014	63.91	531.23	89777.87
9	15	156	2	2	52	60	23	17	18.80	18.80	191.042	221.72	83.858	59.75	556.37	94026.53
10	16	156	2	2	52	60	23	17	18.80	18.80	191.042	221.72	83.858	59.75	556.37	94026.53
11	17	163	2	2	60	60	22	17	18.80	18.80	221.72	221.72	79.836	59.75	583.026	98531.39
12	18	174	2	2	60	60	30	20	18.80	18.80	221.72	221.72	115.62	73.398	632.458	106885.4
13	19	174	2	2	60	60	30	20	18.80	18.80	221.72	221.72	115.62	73.398	632.458	106885.4
14	20	174	2	2	60	60	30	20	18.80	18.80	221.72	221.72	115.62	73.398	632.458	106885.4

续 表

时段	时间	负荷	1#	2#	3#	4#	5#	6#	1#耗煤量(t)	2#耗煤量(t)	3#耗煤量(t)	4#耗煤量(t)	5#耗煤量(t)	6#耗煤量(t)	总耗煤量(t)	总耗煤费用(元)
15	21	167	2	2	60	60	25	18	18.80	18.80	221.72	221.72	92.301	63.91	599.651	101341.02
16	22	150	2	2	44	60	24	18	18.80	18.80	157.586	221.72	88.014	63.91	531.23	89777.87
17	23	136	2	2	32	60	23	17	18.80	18.80	106.898	221.72	83.858	59.75	472.226	79806.19
18	24	125	2	2	39	40	24	18	18.80	18.8−0	136.221	140.488	88.014	63.91	428.633	72438.98
19	1	114	2	2	34	34	24	18	18.80	18.80	115.136	115.136	88.014	63.91	382.196	64591.12
20	2	112	2	2	34	34	23	17	18.80	18.80	115.136	115.136	83.858	59.75	373.88	63185.72
21	3	111	2	2	33	34	23	17	18.80	18.80	110.998	115.136	83.858	59.75	369.742	62486.4
22	4	111	2	2	33	34	23	17	18.80	18.80	110.998	115.136	83.858	59.75	369.742	62486.4
23	5	112	2	2	34	34	23	17	18.80	18.80	115.136	115.136	83.858	59.75	373.88	63185.72
24	6	126	2	2	40	40	24	18	18.80	18.80	140.488	140.488	88.014	63.91	432.9	73160.1

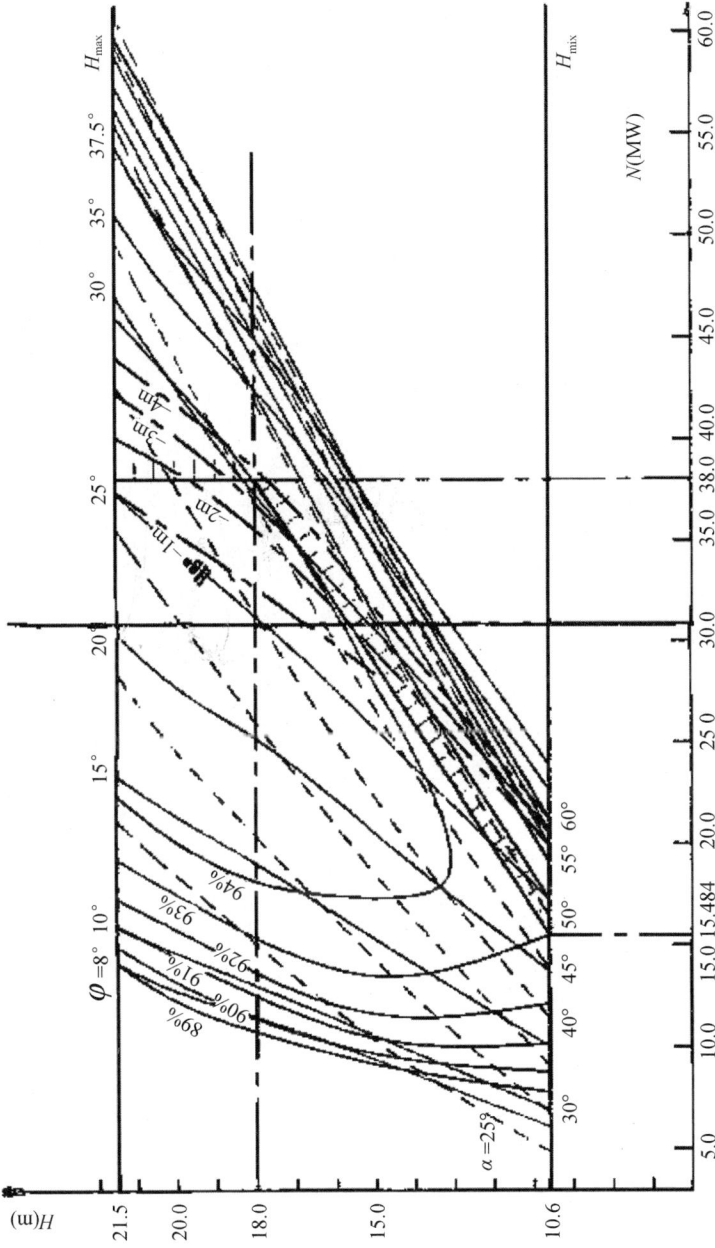

附录 F　山西天桥水电站＃1 机组的水轮机运转综合特性曲线

注：本图来源于山西天桥水电站，由水轮机生产厂家提供，本图为扫描件。

附录 G　湖南湘祁水电站水轮机组模型综合特性曲线

水轮机模型综合特性曲线	
转轮型号	ZB3.10.ZXX
转轮直径(cm)	340.00
能量试验水头(m)	7.00
空化试验水头(m)	7.00
飞逸试验水头(m)	7.00
叶片数Z1(片)	3
k11	1.00000

n11 (r/min): 420　400　380　360　340　320　300　280　260　240　220　200　180

Q11(L/S): 600　900　1200　1500　1800　2100　2400　2700　3000　3300　3600　3900　4200　4500　4800　5100

资料　审核　日同

浙江富春江水电设备有限公司
ZHEFU
图号 T502144

注：本图来源于湖南湘祁水电站水轮机生产厂家（浙江富春江水电设备有限公司）

附录 H　湖南湘祁水电站水轮机组运转综合特性曲线

注：本图来源于湖南湘祁水电站水轮机生产厂家（浙江富春江水电设备有限公司）

附录 I 湖南湘祁水电厂实际调度生产日报表

（2013 年 4 月 1 日）

时间	水位（m）	库容（亿 m³）	出库流量 发电用水 1 号机	2 号机	3 号机	4 号机	合计	废泄（m³/s）	合计（m³/s）	尾水位（m）	水头（m）	机组出力（MW） 1 号机	2 号机	3 号机	4 号机	合计
0	75.46	1.59634	300	265	285	285	1135	600	1735	69.53	5.9	14.19	13.26	12.88	12.73	53.05
1	75.45		300	265	285	285	1135	700	1835	69.56	5.9	13.91	13.06	12.86	12.85	52.68
2	75.45		300	265	285	285	1135	700	1835	69.58	5.9	14.05	13.05	12.80	12.56	52.46
3	75.45		300	265	285	285	1135	700	1835	69.57	5.9	13.85	13.12	12.71	12.69	52.38
4	75.47		300	265	285	285	1135	700	1835	69.56	5.9	13.78	12.91	12.66	12.88	52.23
5	75.45		289	260	285	285	1119	700	1819	69.54	5.9	13.11	12.39	12.51	12.74	50.75
6	75.46		289	260	285	285	1119	700	1819	69.56	5.9	13.06	12.36	12.88	13.03	51.33
7	75.47		289	260	285	285	1119	750	1869	69.55	5.9	12.94	12.09	12.50	12.76	50.28
8	75.47		289	260	285	285	1119	750	1869	69.62	5.9	12.83	12.28	12.30	12.54	49.96
9	75.46		289	260	285	285	1119	750	1869	69.60	5.9	13.06	12.34	12.45	12.95	50.81
10	75.48		289	260	285	285	1119	750	1869	69.60	5.9	12.98	12.33	12.59	12.80	50.70

续　表

时间	水位(m)	库容(亿m³)	出库流量							尾水位(m)	水头(m)	机组出力（MW）				
			发电用水					废泄(m³/s)	合计(m³/s)			1号机	2号机	3号机	4号机	合计
			1号机	2号机	3号机	4号机	合计									
11	75.44		289	260	285	285	1119	800	1919	69.66	5.8	12.57	12.10	12.30	12.33	49.30
12	75.46		265	260	285	285	1095	750	1845	69.64	5.8	12.60	12.51	13.03	12.27	50.41
13	75.38		265	260	285	285	1095	700	1795	69.68	5.7	12.21	12.24	12.66	11.78	48.89
14	75.39		265	260	285	285	1095	700	1795	69.64	5.7	12.27	12.37	12.98	11.93	49.56
15	75.43		265	260	285	0	810	700	1510	69.30	6.1	13.43	11.77	12.36	0.00	37.55
16	75.46		265	260	285	0	810	700	1510	69.29	6.2	12.89	13.35	13.52	0.00	39.76
17	75.46		265	260	285	0	810	700	1510	69.28	6.2	13.15	13.30	13.35	0.00	39.81
18	75.46		265	260	285	0	810	700	1510	69.27	6.2	13.90	13.21	13.43	0.00	40.54
19	75.43		265	260	285	0	810	700	1510	69.23	6.2	13.78	13.26	13.43	0.00	40.46
20	75.47		265	260	285	0	810	700	1510	69.19	6.3	13.85	13.32	13.46	0.00	40.63
21	75.45		0	260	285	245	790	700	1490	69.29	6.2	0.00	13.91	14.20	13.79	41.91
22	75.46		230	0	285	245	760	700	1460	69.27	6.2	12.79	0.00	13.98	13.53	40.29
23	75.46		245	0	285	245	775	700	1475	69.42	6.0	13.46	0.00	13.27	13.34	40.07

续 表

时间	水位 (m)	库容 (亿 m³)	出库流量 发电用水 1号机	2号机	3号机	4号机	合计 (m³/s)	废泄 (m³/s)	合计 (m³/s)	尾水位 (m)	水头 (m)	机组出力 (MW) 1号机	2号机	3号机	4号机	合计	日发电量 (×10⁸ kW)
最大	75.48		300	265	285	285	1135	800	1919	69.68	6.28	14.19	13.91	14.20	13.79	53.05	
最小	75.38		0	0	285	0	760	600	1460	69.19	5.70	0.00	0.00	12.30	0.00	37.55	
平均	75.45		265.96	239.38	285	208.75	999.083	710.42	1709.5	69.48	5.97	12.69	11.69	12.96	9.56	46.91	

	单机日发电量 (×10⁸ kW)	总入库水量 (×10⁸ m³)	总出库水量 (×10⁸ m³)	废泄水量 (×10⁸ m³)	发电用水量 (×10⁸ m³)	全站平均耗水率 (m³/kWh)	日发电量 (×10⁸ kW)
		245.005162	1.477008	0.6138	0.863208	78.236	110.34

	单机耗水率 (m³/kWh)	单机日月水量 (×10⁸ m³)	单机日发电量 (×10⁸ kW)
1号机	79.87	0.23	28.77
2号机	73.37	0.21	28.19
3号机	81.00	0.25	22.98
4号机	78.49	0.18	30.40

附录 J　浙江温州珊溪水力发电厂水位库容特性曲线

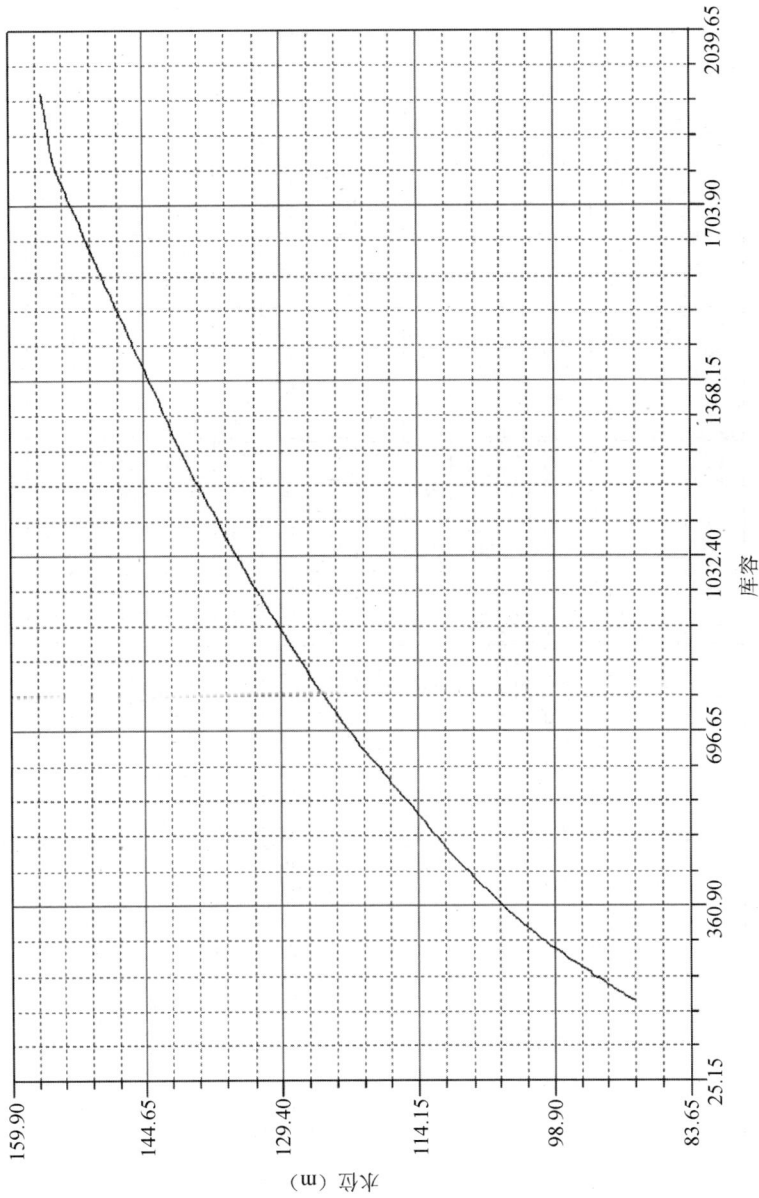

附录 K 浙江温州珊溪水力发电厂水轮机模糊流量出力动力特性数据表

单位：出力（×10⁴ kW）、流量（m³/s）、水头（m）

序号	出力	水头	流量	出力	水头	流量	出力	水头	流量	出力	水头	流量	出力	水头	流量	出力	水头	流量	出力	水头	流量
1	17.5	50	45.6	23.5	50	56	29.5	50	68	35.5	54	80	41.5	62	80	47.5	69	80	51.3	73	80
2	17.5	51	43.6	23.5	51	54.8	29.5	51	65.6	35.5	55	77	41.5	63	76.8	47.5	70	77	51.3	74	78.5
3	17.5	52	42.4	23.5	52	53.6	29.5	52	63.9	35.5	56	74	41.5	64	73.7	47.5	71	74.8	51.3	75	76.3
4	17.5	53	41.4	23.5	53	52.4	29.5	53	62.2	35.5	57	71.4	41.5	65	71	47.5	72	73.1	51.3	76	74.7
5	17.5	54	40.4	23.5	54	51.4	29.5	54	61.1	35.5	58	69.4	41.5	66	69.1	47.5	73	71.6	51.3	77	73.2
6	17.5	55	39.6	23.5	55	50.4	29.5	55	60	35.5	59	67.4	41.5	67	67.7	47.5	74	70.1	51.3	78	71.9
7	17.5	56	38.8	23.5	56	49.4	29.5	56	59	35.5	60	65.6	41.5	68	66.3	47.5	75	68.9	51.3	79	70.6
8	17.5	57	38.2	23.5	57	48.4	29.5	57	58	35.5	61	64.1	41.5	69	65.2	47.5	76	67.8	51.3	80	69.4
9	17.5	58	37.6	23.5	58	47.6	29.5	58	57	35.5	62	62.9	41.5	70	64	47.5	77	66.7	51.3	81	68.2
1C	17.5	59	37.2	23.5	59	46.8	29.5	59	56.1	35.5	63	61.8	41.5	71	62.9	47.5	78	65.7	51.3	82	67.3
11	17.5	60	36.7	23.5	60	46	29.5	60	55.2	35.5	64	60.8	41.5	72	62.1	47.5	79	64.7	51.3	83	66.4
12	17.5	61	36.2	23.5	61	45.2	29.5	61	54.4	35.5	65	59.8	41.5	73	61.4	47.5	80	63.8	51.3	84	65.5
13	17.5	62	35.8	23.5	62	44.4	29.5	62	53.6	35.5	66	58.9	41.5	74	60.6	47.5	81	62.9	51.3	85	64.7
14	17.5	63	35.4	23.5	63	43.8	29.5	63	52.9	35.5	67	58	41.5	75	59.8	47.5	82	62	51.3	86	63.9
15	17.5	64	35	23.5	64	43.2	29.5	64	52.1	35.5	68	57.2	41.5	76	59	47.5	83	61.4	51.3	87	63.1

续 表

序号	出力	水头	流量	出力	水头	流量	出力	水头	流量	出力	水头	流量	出力	水头	流量	出力	水头	流量	出力	水头	流量
16	17.5	65	34.6	23.5	65	42.6	29.5	65	51.3	35.5	69	56.4	41.5	77	58.4	47.5	84	60.6	51.3	88	62.4
17	17.5	66	34.2	23.5	66	42	29.5	66	50.6	35.5	70	55.7	41.5	78	57.7	47.5	85	59.9	51.3	89	61.7
18	17.5	67	33.9	23.5	67	41.3	29.5	67	49.9	35.5	71	55	41.5	79	57	47.5	86	59.2	51.3	90	61
19	17.5	68	33.5	23.5	68	40.7	29.5	68	49.2	35.5	72	54.2	41.5	80	56.4	47.5	87	58.6	51.3	91	60.4
20	17.5	69	33.2	23.5	69	40.2	29.5	69	48.4	35.5	73	53.6	41.5	81	55.7	47.5	88	58	51.3	92	59.8
21	17.5	70	32.8	23.5	70	39.7	29.5	70	47.8	35.5	74	53	41.5	82	55.1	47.5	89	57.4	51.3	93	59.2
22	17.5	71	32.5	23.5	71	39.2	29.5	71	47.2	35.5	75	52.4	41.5	83	54.6	47.5	90	56.8	51.3	94	58.7
23	17.5	72	32.2	23.5	72	38.8	29.5	72	46.6	35.5	76	51.7	41.5	84	54	47.5	91	56.2	51.3	95	58.1
24	17.5	73	31.9	23.5	73	38.3	29.5	73	46	35.5	77	51.1	41.5	85	53.4	47.5	92	55.7	51.3	96	57.6
25	17.5	74	31.6	23.5	74	37.8	29.5	74	45.4	35.5	78	50.5	41.5	86	52.9	47.5	93	55.2	51.3	97	57
26	17.5	75	31.4	23.5	75	37.4	29.5	75	44.9	35.5	79	50	41.5	87	52.3	47.5	94	54.7	51.3	98	56.5
27	17.5	76	31.1	23.5	76	37	29.5	76	44.4	35.5	80	49.4	41.5	88	51.8	47.5	95	54.2			
28	17.5	77	30.8	23.5	77	36.6	29.5	77	43.7	35.5	81	48.8	41.5	89	51.2	47.5	96	53.7			
29	17.5	78	30.6	23.5	78	36.3	29.5	78	43.2	35.5	82	48.3	41.5	90	50.8	47.5	97	53.3			
30	17.5	79	30.4	23.5	79	35.9	29.5	79	42.8	35.5	83	47.8	41.5	91	50.2	47.5	98	52.8			
31	17.5	80	30.2	23.5	80	35.5	29.5	80	42.3	35.5	84	47.2	41.5	92	49.7						

续表

序号	出力	水头	流量	出力	水头	流量	出力	水头	流量	出力	水头	流量	出力	水头	流量	出力	水头	流量	出力	水头	流量
32	17.5	81	29.9	23.5	81	35.2	29.5	81	41.8	35.5	85	46.7	41.5	93	49.2						
33	17.5	82	29.7	23.5	82	34.9	29.5	82	41.3	35.5	86	46.2	41.5	94	48.8						
34	17.5	83	29.5	23.5	83	34.6	29.5	83	40.8	35.5	87	45.8	41.5	95	48.3						
35	17.5	84	29.2	23.5	84	34.3	29.5	84	40.4	35.5	88	45.3	41.5	96	47.9						
36	17.5	85	29	23.5	85	34	29.5	85	40	35.5	89	44.9	41.5	97	47.4						
37	17.5	86	28.7	23.5	86	33.8	29.5	86	39.6	35.5	90	44.4	41.5	98	46.9						
38	17.5	87	28.5	23.5	87	33.5	29.5	87	39.2	35.5	91	44									
39	17.5	88	28.2	23.5	88	33.2	29.5	88	38.8	35.5	92	43.5									
40	17.5	89	28	23.5	89	33	29.5	89	38.4	35.5	93	43.1									
41	17.5	90	27.8	23.5	90	32.7	29.5	90	38	35.5	94	42.7									
42	17.5	91	27.6	23.5	91	32.5	29.5	91	37.6	35.5	95	42.3									
43	17.5	92	27.4	23.5	92	32.3	29.5	92	37.2	35.5	96	42									
44	17.5	93	27.1	23.5	93	32	29.5	93	36.9	35.5	97	41.6									
45	17.5	94	26.9	23.5	94	31.8	29.5	94	36.6	35.5	98	41.2									

续　表

序号	出力	水头	流量	出力	水头	流量	出力	水头	流量	出力	水头	流量	出力	水头	流量	出力	水头	流量
46	17.5	95	26.6	23.5	95	31.5	29.5	95	36.4									
47	17.5	96	26.4	23.5	96	31.3	29.5	96	36.1									
48	17.5	97	26.2	23.5	97	31.1	29.5	97	35.8									
49	17.5	98	26	23.5	98	30.8	29.5	98	35.6									

参考文献

[1] 崔民选.中国能源发展报告(2010).北京：社会科学文献出版社,2010.

[2] 中华人民共和国水力资源复查成果(2003年).北京：中国电力出版社,2004.

[3] 中华人民共和国农村水能资源调查评价成果(2008年).北京：中国水利水电出版社,2010.

[4] 水利部农村水电及电气化发展局.中国小水电六十年.北京：中国水利水电出版社,2009.

[5] 张超,陈武.关于中国2050年水电能源发展战略的思考.北京理工大学学报,2002.

[6] 张平,朱之鑫,徐宪平.中华人民共和国国民经济和社会发展第十二个五年规划纲要辅导读本.北京：人民出版社,2011.

[7] 陈雷.在2013年全国水利规划计划工作视频会议上的讲话.水利部网站,中国水利水电建设股份有限公司信息中心,2013.01

[8] 陈雷.扎实作好农村水电增效扩容改造工作(在农村水电增效扩容改造试点启动会议上的讲话).中国网,2011.10.

[9] 胡四一.促进水能资源的合理利用和有序开发(水能资源管理工作研讨会上的讲话).中国水能及电气化,2007.9.

[10] 张勇传.水电能优化管埋.武汉：华中工学院出版社,1987.

[11] 纪昌明,张玉山,李继清. 市场环境下水电系统厂间经济运行问题研究. 华北电力大学学报,2005,32(1):99—102.

[12] 丁军威,胡旸,夏清等. 竞价上网中的水电优化运行. 电力系统自动化,2002,2(1):19—23.

[13] 常文平,罗先觉. 电力市场环境下独立发电商的机组优化调度. 电力系统保护与控制,2010,38(19):102—106.

[14] 张勇传. 水电站经济运行原理. 北京:中国水利水电出版社,1998.

[15] 徐晨光. 水电站经济运行理论及算法实现. 郑州:黄河水利出版社,2006.

[16] 盛昭瀚,曹忻. 最优化方法基本教程. 南京:东南大学出版社,1992.

[17] Chang WP, Luo XJ. Optimal dispatching model of independent power producer units in electricity markets. Power System Protection and Control, 2010, 38 (19): 102—106.

[18] Antonio J, Contreras J, Villamor FA. Self-scheduling of a hydro producer in a pool-based electricity market. IEEE Trans. on Power systems. 2002,17(4):1265—1271.

[19] Wu YG, Ho CY, Wang DY. A diploid genetic approach to short-term scheduling of Hydro-thermal system. IEEE Trans. on Power Systems. 2000:1268—1274.

[20] 张秀霞,王爽心,吴冠玮. 基于混沌遗传和模糊决策算法的多目标负荷经济调度. 电力自动化设备,2009,29(1):94—98.

[21] 张亚平. 乔治业理工水电站水库调度与发电决策支持软件系统. 中国电力,2006,39(3):95—98.

[22] 柳焯. 最优化原理及其在电力系统中的应用. 哈尔滨:哈尔

滨工业大学出版社,1988.

[23] 徐海茹,杨六山. 电力系统中梯级电站短期优化运行的数学模型与最优条件. 河南教育学院学报,2000,9(3):19—22.

[24] 夏清,强金龙,于尔铿. 网流法在电力系统梯级水电站短期经济调度中的应用. 中国电机工程学报,1985,5(4).

[25] 蔡兴国,林士颖,马平等. 电力市场中梯级水电站优化运行的研究. 电网技术,2003,27(9):6—9.

[26] 朱敏. 电力系统中梯级水电站的日优化运行研究. 华中理工大学学报,1997,25(1):47—50.

[27] 刘广一,强金龙,于尔铿等. 凸网络流规划及其在电力系统经济调度中的应用. 中国电机工程学报,1988,8(6):9—18.

[28] 侯云鹤,熊信良,吴耀武等. 基于广义蚁群算法的电力系统经济负荷分配. 中国电机工程学报,2003,23(3):59—64.

[29] 袁晓辉,王乘,张勇传等. 粒子群优化算法在电力系统中的应用. 电网技术,2004,28(19):14—19.

[30] 韩恺,赵均,钱积新. 电力系统机组组合问题的闭环粒子群算法. 电力系统自动化,2009,33(1):36—69.

[31] 胡家声,郭创新,曹一家. 一种适合于电力系统机组组合问题的混合粒子群优化算法. 中国电机工程学报,2004,24(4):24—28.

[32] 刘自发,葛少云,余贻鑫. 基于混沌粒子群优化方法的电力系统无功最优潮流. 电力系统自动化,2005,29(7):53—57.

[33] 侯云鹤,鲁丽娟,熊信良等. 改进粒子群算法及其在电力系统经济负荷分配中的应用. 中国电机工程学报,2004,24(7):95—100.

[34] 罗予如. 梯级水电厂群短期经济运行的探讨. 水利水电,2000(2):57—58.

[35] 倪二男,管晓宏,李人厚. 梯级水电系统组合优化调度方法研究. 中国电机工程学报,1999,19(1):19—23.

[36] 伍永刚,王定一. 二倍体遗传算法求解梯级水电站日优化调度问题. 水能源科学,1999,9(3):31—34.

[37] Zoumas CE,Bakirtzis AG, B Vasilios Petridis JB. A genetic algorithm solution approach to the hydrothermal coordination problem. IEEE Transcations on Power Systems. 2004,19(2):1356—1364.

[38] 徐刚,马光文,涂扬举. 蚁群算法求解梯级水电厂日竞价优化调度问题. 水利学报,2005,36(8):976—987.

[39] 程春田,唐子田,李刚等.动态规划和粒子群算法在水电站厂内经济运行中的应用比较研究. 水力发电学报,2008,27(6):27—31.

[40] 韩桂芳,陈启华,张仁贡. 动态规划法在水电站厂内经济运行中的应用. 水电能源科学,2005(1).

[41] 张仁贡,韩桂芳,百家聪等.遗传算法在水电站厂内经济运行中的应用. 华北水利水电学院学报,2006.

[42] 马光文,王黎. 水电站优化调度的FP遗传算法. 系统工程理论与实践,1996(11):77—82.

[43] 王欣,秦斌,阳春华等. 基于混沌遗传混合优化算法的短期负荷环境和经济调度. 中国电机工程学报,2006,26(11):128—133.

[44] Wang X,Qin B,Yang CH, et al. Short term environmental/economic generation scheduling based on chaos genetic hybrid optimization algorithm. Proceedings of the CSEE,2006,26(11):128—133.

[45] 郭文忠,陈国龙. 粒子群算法的研究进展. 福建电脑,2005

(4)：7—8.

[46] 杨俊杰，周建中，吴玮等.改进粒子群优化算法在负荷经济分配中的应用.电网技术,2005,29(2)：1—4.

[47] 李宁，付国江，库少平等.粒子群优化算法的发展与展望.武汉理工大学学报,2005,27(2)：26—29.

[48] 李爱国，覃征，鲍复民等.粒子群优化算法.计算机工程与应用,2002,(21)：1—4.

[49] 康琦，张燕，汪镭等.智能微粒群算法.前沿技术,2005(4)：5—10.

[50] 周驰，高海兵，高亮.粒子群优化算法.计算机应用研究,2003(12)：7—11.

[51] Chang WP, Yu H, Hua DP. A solution to particle swarm optimization algorithm with adaptive inertia weight for unit commitment. Power System Protection and Control,2009,37 (15)：15—18.

[52] Han K, Zhao J, Qian JX. A closed-loop particle swarm optimization algorithm for power system unit commitment. Automation of Electric Power Systems, 2009, 33 (1)：36—69.

[53] Esmin AAA, Lambert-TorresG. A hybrid particle awarm optimization applied to loss power minimization. IEEE Trans. on Power Systems. 2005,20(2)：859—866.

[54] Naka S, Genji T. A hybrid particle swarm optimization for distribution state estimation. IEEE Trans. on Power Systems. 2003,18(1)：60—68.

[55] Park JB, Lee KS,Shin JR, Economic load dispatch for non-smooth cost functions using particle swarm optimization.

IEEE Trans. on Power Systems. 2003：938—943.

[56] 杨维，李歧强. 粒子群优化算法综述. 中国工程科学，2004，6（5）：87—94.

[57] 常文平，于海，华大鹏. 基于自适应粒子群优化算法的机组组合. 电力系统保护与控制，2009，37（15）：15—18.

[58] 韩恺，赵均，钱积新. 电力系统机组组合问题的闭环粒子群算法，电力系统自动化，2009，33（1）：36—69.

[59] Han K, Zhao J, Qian JX. A closed-loop particle swarm optimization algorithm for power system unit commitment. Automation of Electric Power Systems，2009，33（1）：36—69.

[60] 蔡兴国，林士颖，马平. 现货交易中梯级水电站竞价上网的研究. 中国电机工程学报，2003，23（8）：56—59.

[61] 向凌. 梯级水电站优化运行的算法及应用研究. 华中科技大学硕士学位论文，2004：16—19.

[62] 钟炜，宋洋. 双层祸联遗传算法求解流域梯级水电站厂内经济运行问题研究. 水利水电技术，2009，40（11）：107—111.

[63] Zhong W, Song Y. Study on solving problems from in-house economical operation of cascade hydropower stations in river basin with bi-level coupling genetic algorithm. Water Resources and Hydropower Engineering，2009，40（11）：107—111.

[64] Li CL, Wang JW, Sun XD. Design and Development of DSS for Hydropower Scheduling. Hydropower Automation and Dam Monitoring，2006，30（3）：75—78.

[65] Xu G, Ma GG, Xu RL. Generation scheduling decision support system of Chongqing electric power Corp with

hydropower plants. Journal of Hydropower Engineering, 2007,26(5): 10—14.

[66] Zhong W, Song Y. Study on the Decision-making Support System for Optimal Operation of Cascaded Hydropower Plants in Local Power Network. Chinese Agricultural Mechanization,2009,25(5): 56—60.

[67] Yan XJ, Wang WR, Liang Jian-ping. Design and implementation of the spatial decision support system for agriculture. Transactions of the CSAE,2010,26(9): 257—262. (In Chinese with English abstract)

[68] 崔家骏,黄自强.开发黄河防洪决策支持系统的体会.水利水文自动化,1995(1): 10—14.

[69] 孟波,贺贵明.一种大城市防汛决策支持系统.管理科学学报,1995(3): 41—45.

[70] 翁文斌,蔡喜明,史慧斌等.宏观经济水资源规划多目标决策分析方法研究及应用.水利学报,1995(2): 1—11.

[71] 黄自强.黄河下游防洪调度决策的流程与目标.人民黄河,1994(8): 1—4.

[72] 解建仓,田峰巍.黄河下游防洪调度决策的流程与目标.西安理工大学学报,1997(3): 216—221.

[73] 何文社,陈骥,戴会超.决策支持系统在长江三峡水库调度中的应用.水力发电学报,2008(2).

[74] 陈森林,邱瑞田,万海斌等.全国水库防洪调度决策支持系统.水力发电,2003(5): 1—5

[75] 田丰,段建华,王润生.基于 WEBGIS 的区域水资源信息系统的设计与实现.微计算机信息,2010(1): 14—16.

[76] 蔡绍宽,宋洋.网络环境下的梯级水电站优化调度智能决策

支持系统研究.天津大学学报(社会科学版),2008,10(3):215—219.

[77] 李钰心,纪昌明,梅亚东等.黄河上游梯级水电站短期调度软件研究.水力发电,1997(9):53—54.

[78] 张行南,李纪人,李致家.淮河中游防洪决策知识库.水文,1998(4):1—5.

[79] 张仁贡.水电站动力特性分析软件的开发与应用.水利水电技术,2006(8):68—70.

[80] 张仁贡.水电站动力特性分析数据库系统的研究与应用.水力发电学报,2010,29(4):240—244.

[81] 张祖鹏,陈森林.葛洲坝水电站厂内经济运行二层模型研究.水电能源科学,2010,28(4):124—126.

[82] 董娜,陈增强,孙青林等.基于粒子群优化的有约束模型预测控制器.控制理论与应用,2009,26(9):965—969.

[83] 张昌期.水轮机原理与数学模型.武汉:华中工学院出版社,1988.

[84] Lou SH, Cui JC. An integrated planning model of pumped-storage station considering dynamic functions. Automation of Electric Power Systems,2009,33(1):27—31.

[85] Dong N, Chen ZQ, Sun QL, et al. Particle-swarm optimization algorithm for model

[86] 张仁贡.农村水电站电能生产动态不确定优化调度模型的研究.农业工程学报,2011,27(5):275—281.

[87] 任律.水轮机特性曲线的拟合及其软件系统.成都:西华大学,2007.

[88] 刘志鹏.水轮机特性曲线数据计算机一体化采集拟合与选型.南京:河海大学,2006.

[89] 郑莹. 混流式水轮机全流道三维数值模拟. 成都：西华大学,2008.

[90] 陈鸿蔚,张桂香,白裔峰. 鲁棒递推偏最小二乘法. 湖南大学学报：自然科学版,2009,36(9)：42—46.

[91] 卫志农,谢铁明,孙国强. 基于超短期负荷预测和混合量测的线性动态状态估计. 中国电机工程学报,2010,30(1)：47—51.

[92] Nidul Sinha, IEEE, Member, B. Purkayastha, Non-member. PSO Embedded Evolutionary Programming Technique For Non-convex Economic Load Dispatch. IEEE Trans. on Power Systems. 2004：1—6.

[93] Wei ZN,Xie TM,Sun GQ. Linear dynamic state estimation based on mixed measurements using ultra-short term load prediction. Proceedings of the CSEE,2010,30(1)：47—51.

[94] Chen HW, Zhang GX, Bai YF. Robust recursive partial least-squares algorithm. Journal of Hunan University：Natural Sciences,2009,36(9)：42—46.

[95] 王正志, 薄涛. 进化计算. 长沙：国防科技大学出版社,2000.

[96] 黎静华,韦化. 基于模式搜索算法的电力系统机组组合问题. 电工技术学报,2009,24(6)：121—128.

[97] Zhang XX, Wang SX, Wu GW. Multi-objeetive economic load dispatching based on chaos genetic algorithm and fuzzy decision. Electric Power Automation Equipment, 2009, 29(1)：94—98.

[98] Li JH, Wei H. A general pattern search algorithm for electric power system unit commitment problems.

Transactions of China Electrotechnical Society，2009，24(6)：121—128.

[99] David C Walters，Cerald B Shelble. Genetic algorithm soulution of economic dispatch with valve point loading. IEEE Trans on PS，1993，8(3)：1325—1332.

[100] Lin WM，Cheng FS，Mingtong Tsay MT. Nonconvex economic dispatch by integrated artificial intelligence. IEEE Trans on PS. 2001，16(2)：307—311

[101] Rabin A Jabr，Alum H Coonick. A homogenous linear programming algorithm for the secunity constrained economic dispatch problem. IEEE Trans on PS. 2000，15(3)：930—936.

[102] 薛定宇,陈阳泉.系统仿真技术与应用.北京：清华大学出版社,2002.

[103] 米文英.天桥水电厂水轮机水头协联自动跟踪控制系统研究.山西电力,2003(1)：7—8.

[104] 白家骢,孟安波.超声波测流在低水头电站的应用.华北水利水电学报,2000,21(1)：51—55.

[105] 娄素华,崔继纯.考虑动态功能的抽水蓄能电站综合规划模型.电力系统自动化,2009,33(1)：27—31.

[106] 母洪流.水火电经济比较初探.水电站设计,1999,15(1)：88—92.

[107] 席裕庚.动态不确定环境下广义控制问题的预测控制.控制理论与应用,2000,17(5)：665—670.

[108] Al-Kazemi B，Mohan CK. Training feed forward neural networks using multi-phase particle swarm optimization to solve min-max problems. Proceeding of the 2002 Congress

on Evolutionary Computation. Hawaii, USA, 2002: 1682—1687.

[109] Damousis IG, Bakirtzis AG Dokopoulos PS. Network-constrained economic dispatch using real-coded genetic algorithm. IEEE Trans on P S. 2003,18(1)—205.

[110] Naka S, Genji T, at al. A hybrid particle swarm optimization for distribution state estimation. IEEE Trans on PS. 2003,18(1): 60—68.

[111] Xi YG. Predictive control of general control problems under dynamic uncertain environment. Control Theory and Applications, 2000, 17(5): 665—670. (In Chinese with English abstract)

[112] Song Y, Chen ZQ, Yuan ZZ. New chaotic PSO-based neural network predictive control for nonlinear process. IEEE Transactions on Neural Networks, 2007, 18 (2): 595—600.

[113] Wang X, Qin B, Yang CH. Short term environmental/economic generation scheduling based on chaos genetic hybrid optimization algorithm. Proceedings of the CSEE, 2006, 26 (11): 128—133. (in Chinese with English abstract)

[114] Xie DH, Zhang DF, Huang H, et al. Robust fault-tolerant control for a class of uncertain networked control systems. Information and Control, 2010, 39 (4): 472—478. (In Chinese with English abstract)

[115] Chen HW, Zhang GX, Bai YF. Robust recursive partial least-squares algorithm. Journal of Hunan University:

Natural Sciences,2009,36(9):42—46.(In Chinese with English abstract)

[116] 张仁贡.农村水电站有功负荷优化调度决策支持系统 V2009:2009SR057111.2009-12-09.

[117] American Institute of down-to-earth quality of learning. Microsoft SQL Server 2005 Based Technology . World Book Publishing Company,2007.

[118] Andrew J Brust,Stephen Forte. Programming Microsoft SQL Server 2005 . Microsoft Press,2007.

[119] American Institute of down-to-earth quality of learning. Microsoft SQL Server 2005 Based Technology . World Book Publishing Company,2007.

[120] Petroutsos E. Mastering Visual Basic.NET . Sybex,2002.

[121] Wildermuth S,Wightman J,Blomsma M. MCTS Self-Paced Training Kit (Exam 70-561): Microsoft. NET Framework 3. 5-ADO. NET Application Development: Microsoft. Net Framework 3. 5-ADO. NET Applic . Microsoft Press,2009.

[122] 杨武.水电站综合自动化数据库管理系统的研究.机电工程技术,2008(7):33—35.

[123] 阎晓军,王维瑞,梁建平.农业空间决策支持系统的设计与实现.农业工程学报,2010,26(9):257—262.

[124] Cai SK,Soung Y. Automatic management system for optimal operation of cascaded hydropower plants in network environment. Journal of Tianjin University (Social Sciences),2008,10(3):215—219.

[125] Wiley-Wrox. Beginning Database Design. E-books,2008.

[126] Wildermuth S，Wightman J，Blomsma M．MCTS Self-Paced Training Kit（Exam 70—561）：Microsoft．NET Framework 3．5－ADO．NET Application Development：Microsoft Net Framework 3．5－ADO．NET Applic．Microsoft Press，2009．

[127] 王万良．人工智能及其应用．北京：高等教育出版社，2006．

[128] 李 涛，贺勇军，刘志俭．MATLAB 工具箱应用指南应用数学篇．北京：电子工业出版社，2000．

[129] Yang W．Hydropower station automation database management system．Mechanical and Electrical Engineering，2008(7)：33—35．(In Chinese with English abstract)

[130] 谢德晓，张登峰，黄鹤等．一类不确定网络控制系统的鲁棒容错控制．信息与控制，2010，39(4)：472—478．

[131] 杨阳，赵二峰．基于 MATLAB COM 的大坝专家系统监控模型开发．水电能源科学，2009(4)：84—87．

[132] 杨高波．精通 MATLAB 7.0 混合编程．北京：电子工业出版社，2006．